C&Fortran

演習で学ぶ
数値計算

片桐孝洋・大島聡史 著

Learning of Numerical Calculation
by Practice with
C & Fortran

共立出版

まえがき

　本書は情報学部および工学部を対象とした数値計算の教科書としてだけではなく，その演習書としても利用できることを考慮して執筆した．全体の構成を理論と演習半々とし，各章に豊富な演習課題を設けその問題の解説を充実させた．演習の解答として，情報系学部で用いるC言語に加え，工学系学部で現在も用いられているFortranのプログラムを配布している．この理由は現在も工学部の研究室ではソフトウェア資産の都合から，Pythonなどの新興言語に加えてCやFortranを扱うことが多いためである．想定される読者は，CもしくはFortranの入門レベルのスキルがあり，かつ高校における理系数学の素養がある方である．特に本書で紹介する数値計算の考え方の導出については，なるべく高校の理系数学の知識でも理解できるような説明を加えた．また図を多めに記載することで，数値計算アルゴリズムを数学的，直感的にわかりやすく理解できるように心がけた．さらに実際の実装と動作の観点からも，アルゴリズムの説明をした．そのため，工学部や情報学部での数値計算の教科書・演習書として好適な書籍になったと思っている．

　本書ではプログラム自体も一部掲載し，読者に数値計算の考え方の理解が得られるように考慮した．プログラムは主要な部分のみ教科書に載せ，詳細は共立出版ホームページにて別途配布する動作確認済みのプログラムに梱包している．この理由は筆者の経験上，数値計算の教科書には，CやFortranのプログラムは記載されているが，動作可能なプログラムが配布されていることが少ないと感じることによる．その点において本書はプログラムを実行させたうえで，その動作を理解するのに十分な書籍と考えている．

　また「より深く学ぶために」として大学院レベルの内容も簡単に記載し，修士課程以降の研究展開について道筋がわかる記載をした．一方で誤差評価や解の安定性の話題は最低限に留め，数値計算のアルゴリズムとプログラム上の説明を強化している．そのため，数値解析の教科書としては入門的な内容となっている点は予めご了承いただきたい．

　本書の執筆はアルゴリズムの解説を片桐が担当し，プログラムの用意と解説は大島聡史准教授が担当した．いずれも名古屋大学情報学部において数値計算と演習，およびプログラミング言語の演習を担当している教員である．そのため，演習書としては広く通用する書籍の執筆ができたと自負している．

　最後に本書の出版について機会を与えてくれた，共立出版の天田友理氏に感謝の意を表する．

　本書の内容が，機械学習を含む数値計算シミュレーションを志す学部学生において有益であることを望んでいる．

2022年2月　　　　　　　　　　　　　　　　　　　　　著者を代表して　片桐孝洋　謹識

目　次

第0章

準備

0.1 本書で扱うソースコード

　本書では「演習課題」で扱うプログラムについて，主要な部分を誌面に示し，その他は Web にて公開する方式をとっている．各ソースコード例のキャプションに記したファイル名は Web にて公開しているファイル名と同様である．本書に掲載しているソースコードは，読みやすさを考慮してなるべくページにまたがるプログラム解説とならないようにしている．そのため，複数の処理を1行に押し込むなどしてページ数削減を行うなどアルゴリズム図とは完全に一致していない部分がある．読みにくいと感じた場合は Web にて公開されているコードを参照していただきたい．特に注意が必要な点については該当箇所にて解説する．

0.2 本書で扱うプログラミング言語

　本書では演習課題の回答として C と Fortran によるプログラム例を示している．

0.2.1 可変長配列

　C のプログラム例については基本的に ANSI C に準拠しているが，一部で C99 の機能を利用している．特に関数の引数や関数内で用いるローカルな配列の長さに自由度をもたせる（定数で長さを固定させない）ために可変長配列の機能を利用しているため，C99 に対応していないコンパイラを利用する際には注意されたい．可変長配列の具体例をソースコード C0.1 に示す．プログラムのコンパイル・動作確認は Ubuntu 20.04 上の gcc 9.3.0 を用いて行った．

　Fortran のプログラム例については Fortran90 の言語仕様に基づいている．プログラムのコンパイル・動作確認は Ubuntu 20.04 上の gfortran 9.3.0 を用いて行った．

　C，Fortran ともに同じ処理を様々な方法で記述することが可能である．C プログラム例と Fortran プログラム例は大きく異なることがないように気を付けた．ただし，C では加算代入演算子やインクリメント演算子など Fortran に存在しない記法がある．これらについては C では利用するのが一般的であるため，積極的に利用している．また，Fortran には関数やサブルーチンを書く方法がいくつか存在する．ソースコード F0.1 に内部副プログラムを利用した例，ソースコード F0.2 に外部副プログラムを利用した例，ソースコード F0.3 にモジュール副プログラムを利用した例を示す．これらはいずれも正しくコンパイル・実行可能なプログラム

```
1  /*
2     C99の可変長配列を使うと引数やローカルな配列の長さを引数で指定できる.
3     nが実行時に決まる場合でも，このように書けばarrayやlocalarrayの長さはnになる.
4  */
5  void function1 (int n, double array[n]) {
6    double localarray[n];
7    ...
8  }
9  /*
10    長さnが先に書かれている必要があるため，
11    この書き方ではコンパイル時にarray[n]がエラーしてしまう.
12  */
13 void function2 (double array[n], int n) {
14   double localarray[n];
15   ...
16 }
```

ソースコード **C0.1** C99 の可変長配列を利用した記述の例

```
1  program main
2    call sub(2)
3  contains
4    subroutine sub(n)
5      integer :: n
6      write(*,*) "subroutine", n
7    end subroutine sub
8  end program main
```

ソースコード **F0.1** Fortran 内部副プログラムの例

である．しかし，内部副プログラムは主プログラム向けに宣言した変数や配列が副プログラム
からもアクセスできてしまうためプログラムに予期せぬバグを仕込みやすく，またソースコー
ドのファイル分割ができないため大きな規模のプログラムが作りにくいという欠点がある．外
部副プログラムは，外部ファイルに記述した副プログラムを実行する際に引数の数や型が間
違っていてもコンパイル・リンクできてしまうため，実行時にならないと気がつかないプログ
ラムのミスを犯しやすいという欠点がある．そのため，本書ではモジュール副プログラムを用
いた Fortran プログラムを例示する．

```
1 subroutine sub(n)
2   integer :: n
3   write(*,*) "subroutine", n
4 end subroutine sub
5
6 program main
7   call sub(2)
8 end program main
```

ソースコード **F0.2** Fortran外部副プログラムの例

```
1  module procedures
2  contains
3    subroutine sub(n)
4      integer :: n
5      write(*,*) "subroutine", n
6    end subroutine sub
7  end module procedures
8
9  program main
10   use procedures
11   call sub(2)
12 end program main
```

ソースコード **F0.3** Fortranモジュール副プログラムの例

0.2.2 浮動小数点の表記

　CとFortranでは実数の精度を明示する方法が異なる．収束するまで計算を行うアルゴリズムなどでは精度の指定ミスが大きな結果のずれにつながることもあるため，十分に注意する必要がある．

　Cでは1.0のように単純に実数値を記述すると倍精度浮動小数点型の値として扱われ，単精度浮動小数点型の値として扱いたい場合は1.0fのように値の後にfを付加する必要がある．指数表記の場合も，倍精度浮動小数点型の場合は1.0e2のように**仮数e指数**指数の形式，単精度浮動小数点型の場合は1.0e2fのように**仮数e指数f**の形式となる．

　一方Fortranでは1.0のように単純に実数値を記述すると，単精度浮動小数点型の値として扱われる．精度を明示したい場合は指数表記を利用し，倍精度浮動小数点型の場合は1.0d2のように**仮数d指数**の形式，単精度浮動小数点型の場合は1.0e2のように**仮数e指数**の形式を用いる．また浮動小数点型の変数や配列を宣言する際の型の指定方法にもいくつかバリエーションが存在するが，本書ではreal(kind=4)およびreal(kind=8)という記法を用いる．

0.2.3 関数や変数の扱いと性能

Cでは関数の引数が入力専用である（関数内で書き換えられない）ことをconst修飾子により明示することができる．またFortranでは関数やサブルーチンの引数が入力専用であるかどうかをintent属性により明示することができる．これらは必須ではないが，プログラムの間違い検出やコンパイラによる最適化の促進に有効なことがあるため，本書ではできる限りこれらを明示するようにしている．

本書では大規模な問題を扱っていないこともあり，プログラムの性能（計算時間）については考慮していない．しかし数値計算プログラムが真価を発揮するのは大規模な問題を扱うときであるため，性能に大きな影響を与える主な要因のひとつであるメモリの連続性について触れておく．

Cで2次元配列array[4][4]を確保したとき，メモリが連続するのは

array[0][0], array[0][1], array[0][2], array[0][3], array[1][0], array[1][1], ...

の順序である．一方Fortranで2次元配列array(4,4)を確保したとき，メモリが連続するのは

array(1,1), array(2,1), array(3,1), array(4,1), array(1,2), array(2,2), ...

の順序である．そのため，Cプログラムで2次元配列を処理するこのようなプログラムを

```
for (i=0; i<N; i++) {
  for (j=0; j<N; j++) {
    array[i][j] = ...;
  }
}
```

Fortranを用いて同様に

```
do i=1, N
  do j=1, N
    array(i,j) = ...
  end do
end do
```

と書いた場合，Cプログラムによる配列へのアクセスは連続になる一方，Fortranプログラムによる配列へのアクセスは連続にならない．不連続なメモリアクセスは連続したメモリアクセスと比べて長い時間を要することが多いため，性能を考慮したプログラムを作成する際にはなるべく連続したメモリアクセスが行えるようにした方がよい．しかしながら，本書におけるサンプルプログラムの中には，例示されたアルゴリズムをなるべくわかりやすく実装することを優先し，実行速度を考慮していない実装となっているものがある点に注意されたい．

本書ではプログラムの再利用性を考慮して，一部の定数を除いてグローバルな変数や配列の利用を排除している．一方でコードを単純で短くし解説を容易にするため配列の長さをすべて固定にしている．そのため実行時に問題サイズが決まるような問題を扱う際には動的なメモリ

確保（C では `malloc` と `free`，Fortran では `allocate` と `deallocate`）について追加で学ぶ必要がある．また本書の書き方で大きな配列（特に大きな2次元配列）を扱おうとすると「スタックサイズがあふれる」という問題が生じるため注意が必要である．これについては，動的なメモリ確保を行ったり，コンパイラに追加のオプションを与えたり，グローバルな配列に変更するなどの方法で解決することができる．

サンプルプログラム（ソースコード）の提供　本書の演習課題の正答例（ソースコード）は共立出版の本書の紹介 **Web** ページにて公開する．公開するファイルはパスワード付きの zip アーカイブファイルであり，パスワードは `Gcsr7z@d5R` である．

URL: www.kyoritsu-pub.co.jp/bookdetail/9784320124844

第1章

数値計算の基礎

本章では，数値計算で基本となる概念や用語について扱う．まず数値計算とは何かを説明し，数値計算で用いられる考え方（アルゴリズム）の重要性を述べる．また数値計算を行う際の計算機内部における，数値の表現と有限の数値表現から生じる演算誤差について解説する．さらに，数値計算のアルゴリズムの良し悪しを評価する基準についても示す．また，数値計算を行うにあたり利用できるプログラム資産である数値計算ライブラリについて，「より深く学ぶために」として解説する．

1.1 数値計算とは

本書は数値計算の教科書である．一方で，大学の講義名で数値解析と名がついている講義を受講している学生もいることであろう．ここで，数値計算と数値解析との意味を確認しておこう．

- **数値解析** (numerical analysis)：数学や物理学の分野の1つであり，代数的に解を求められない問題に対し，数値計算により，近似的に解を求める手法に関する学問のこと．
- **数値計算** (numerical calculation)：数値を計算すること．数値解析の手法を用い，かつ計算機を用いて，近似解を計算することを指すことが多い．たとえば，天気の数値予報がそれにあたる．

本書は数値計算の教科書であるが，その基礎となる数値解析の手法についても導入的位置づけとして取り扱っている．そのうえで，実用面を考慮した数値計算の手法について紹介し，プログラムの説明に重点を置いている．

まずはじめに，一般的な数値計算を行う際の手順を，図1.1を用いて示す．

(1) 問題の数学的定式化：数学を用いて問題を定式化する．例えば，連立一次方程式に問題を帰着させるなど．

(2) アルゴリズム設計：定式化した問題を計算機上で効率的に解ける考え方（**アルゴリズム** (Algorithm)）を設計する．

(3) プログラミング：(2) のアルゴリズムを計算機言語を用いてプログラミングする．また，仕様を満たすまで実行とプログラミング修正を行う．これを，**デバック** (debug)

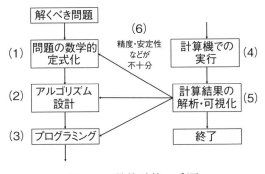

図1.1　数値計算の手順

という.

(4)　計算機での実行：計算機上で解くべき問題の解を数値計算する.

(5)　計算結果の解析・可視化：計算結果を解の精度や解の正当性から解析・検証する.

(6)　計算結果の解が理論的におかしい, 要求する精度を満たしていない, 安定した解が得られない, または計算速度が不十分のときは, 上位の処理に戻る.

　特に数値計算において (2) のアルゴリズムは**数値計算法**, もしくは**数値計算アルゴリズム**とよばれる. 採用する数値計算アルゴリズムにより, 計算時間や計算精度が大きく異なる. そのため, 解くべき問題に対して適切な数値計算アルゴリズムの選択は重要である. 本書では, その基礎的知識を習得することを目指している.

　一方, 選択した数値計算アルゴリズムが適切であっても, 計算速度の観点から不十分なことがある. それを解決するには, 利用する計算機ハードウェアの特性を考慮し, 高性能となる実装をしなくてはならないこともある. この数値計算における高性能なプログラミング技法については一分野として確立しているが, 本書の主対象とはしない. 詳細を知りたい読者は,（片桐, 2013）[5] や（片桐, 2015）[6] を参照すること.

1.2　計算機における数値表現

　数値計算をするには, 少なくとも足し算, 引き算, 掛け算, 割り算の演算が必要である. この四則演算をする対象の数値は, 計算機内で処理する都合から, 計算機で扱える形式にしてから計算機内に値を保持しなくてはいけない. 本節ではまず, 計算機内部での数値表現について説明する. くわしくは, 『コンピュータの原理から学ぶプログラミング言語C』（共立出版, 2021）などを参照すること.

　計算機内部での数値表現は, 有限のビット（2進数の1ケタ）列により行われる. そのため, 数値を計算機内部で完全に表現できない場合や, 数値表現では範囲外となる場合が生じる. さらに, 整数と実数では数値表現の仕方が異なる.

　また, 計算機内部の高速記憶素子である**レジスタ** (register), および, 主記憶装置内に数値データが収納される. また, レジスタ上のデータを演算装置である ALU (arithmetic logic unit) に転送し四則演算をする．ここでは，計算機内部の四則演算の高速化は取り上げない．

1.2.1　整数の表現

整数は，N ビットで表現する．たとえば16ビットでは表現できる整数の数は $2^{16} = 65536$ となる．つまり，0 から表現する場合は 65535 以上は表現できない．また，利用する計算機言語で標準となる形式で利用するビット数が異なる．

C：

- int 型：4 バイト（32 ビット），最大値 2147483647，最小値 -2147483648．
- long int 型：8 バイト（64 ビット），最大値 9223372036854775807，最小値 -9223372036854775808．
- 負の数を扱わないときは unsigned 型を宣言することで表現可能な最大値が約 2 倍となる．

Fortran：

- integer(kind=4) 型：4 バイト（32 ビット），最大値 2147483647，最小値 -2147483648．
- integer(kind=8) 型：8 バイト（64 ビット），最大値 9223372036854775807，最小値 -9223372036854775808．

ここで，負の数の表現法は以下になる．

- 絶対値表現：1 ビットは符号，それ以外は絶対値で表現する．
- 補数表現：符号なし整数演算器が共通で利用できるため，通常は補数表現が採用されている．

補数表現のうち，2 の補数表現について説明する．ビット列 $b_{m-1} \, b_{m-2} \, \cdots \, b_1 \, b_0$ で表される整数 N の 2 の補数表示は，

$$N = b_0 + 2b_1 + 2^2 b_2 + \cdots + 2^{m-2} b_{m-2} - 2^{m-1} b_{m-1} \tag{1.1}$$

となる．2 の補数表現は，減算を加算できるなどの利点があるため，よく利用されている．

1.2.2　浮動小数点の表現

実数を計算機内部で表現する場合，N ビットでは実数すべてを表現できない．そのため，実数演算の誤差は避けられない．

実数を計算機で扱う場合，**浮動小数点数**（floating point numbers）として取り扱う．いま，ある浮動小数点数を考える．**基数** を β とするとき，実数 x を N ビットで

$$x \approx \pm \left(\frac{d_1}{\beta} + \frac{d_2}{\beta^2} + \frac{d_3}{\beta^3} + \cdots + \frac{d_N}{\beta^N} \right) \times \beta^m \tag{1.2}$$

と表す．このとき，$0 < d_1 < \beta - 1$，$0 \le d_k < \beta - 1 \ (k = 2, 3, \cdots, N)$．

以上を，**β 進 N 桁浮動小数点数** とよぶ．通常，d_1 は 0 でない数にする．これを，**正規化**（normalization） とよぶ．

現在使われている浮動小数点の形式として，IEEE754形式（アイ・トリプル・イー 754形式）が知られている．これは，IEEE（Institute of Electrical and Electronics Engineers）が定めた浮動小数点数に関する標準形式である．IEEE754形式では通常の浮動小数点数形式のほかに，以下を規定している．

1. ゼロ（＋側のゼロへの極限）
2. ゼロ（－側のゼロへの極限）
3. 非正規化数（アンダーフロー）
4. ＋無限大（＋inf）
5. －無限大（－inf）
6. 非数（quiet NaN）例外告知なし
7. 非数（signal NaN）例外告知あり

実際の計算機言語における例を示す．

C：

- `float`型：4バイト（32ビット）
  - 符号部（1ビット）＋指数部（8ビット）＋仮数部（23ビット）
  - `float`の表す値 $= (-1)^{符号部} \times 2^{指数部-127} \times 1.仮数部$
  - $1.175494 \times 10^{-38} <$ `float`の絶対値 $< 3.402823 \times 10^{+38}$
- `double`型：8バイト（64ビット）
  - 符号部（1ビット）＋指数部（11ビット）＋仮数部（52ビット）
  - `double`の表す値 $= (-1)^{符号部} \times 2^{指数部-1023} \times 1.仮数部$
  - $2.225074 \times 10^{-308} <$ `double`の絶対値 $< 1.797693 \times 10^{+308}$

Fortran：

- `real`型 (`real(4)`型)：4バイト（32ビット）
- `double precision`型 (`real(8)`型)：8バイト（64ビット）

◆マシンイプシロン

計算機内部での浮動小数点表現では，実数のすべてを表現できない．そのため表現できる実数以下の数値を四則演算すると，計算結果が変わらないという事態を生じる．

マシンイプシロン（machine epsilon）とは，$1 + \epsilon$ が 1 より大きくなるような ϵ（イプシロン，EPS）のうちで最小のものとする．したがってマシンイプシロンより小さい値は，たとえば加算しても数値計算上は意味がない値となる．

ここで，$1 + \hat{\epsilon} = 1$ となる $\hat{\epsilon}$ は C ではソースコード C1.1，Fortran では F1.1 のようなプログラムで算出可能である．

```
1  float feps;
2  feps = 1.0f;
3  while ( feps + 1.0f > 1.0f ) {
4    feps = feps * 0.5f;
5  }
6  printf("float machine epsilon hat = %e\n", feps);
```

ソースコード **C1.1**　マシンイプシロンの計算例

```
1    real(kind=4) :: feps
2    feps = 1.0e0
3    do while (feps + 1.0e0 > 1.0e0)
4       feps = feps * 0.5e0
5    end do
6    write(*,fmt='(a,e13.7)') "single precision machine epsilon hat = ", feps
```

ソースコード **F1.1**　マシンイプシロンの計算例

最近の計算機の実行結果では以下の値である.

```
float machine epsilon hat = 5.960464e-08
double machine epsilon hat = 1.110223e-16
```

1.3　計算量とメモリ量

本節では数値計算に関連する手間（実行時間など）について考える. 数値計算における四則演算に関する手間は, 計算量とメモリ量で定義される.

- **計算量** (computational complexity)：数値計算における, 基本演算（四則演算）の回数
  厳密には数値計算プログラムにはメモリアクセス時間, IF 文の判定時間などの時間がある. そのため四則演算だけでは, 必ずしもプログラムの実行時間を反映しない場合がある. また, 足し算, 引き算, 掛け算, および割り算について, それぞれ1演算とする. ここで1秒間当たりの浮動小数点演算の数を, FLOPS (Floating Point Operation per Seconds) という.

また数値計算に必要なメモリの大きさは, 数値計算アルゴリズムの性能の一部となる. これは要求されるメモリの大きさについて, 計算機が動作可能なメモリ容量を超過する場合には実行不能となるからである. そこでメモリ量を定義する.

- **メモリ量** (space complexity)：数値計算で必要とされるメモリの量
  同じ結果を返す数値計算処理でも, アルゴリズムを工夫すると少ないメモリ量で済むことがある. そのため計算量の評価だけではなく, メモリ量の評価も必要である.

◆計算量の表記

数値計算アルゴリズムの計算量やメモリ量を表記する方法として, Landau（ランダウ）の記号 (Landau's symbol) がある. Landau の記号は, 大体どれぐらいの量であるかを表す記号である.

いま, $x \in \mathbb{R}$ とし, $x \to \alpha$ のとき, $|f(x)/g(x)|$ が有界ならば, $f(x)$ は, 高々 $g(x)$ の **オーダ**（order）であるといい, $f(x) = O(g(x))$ と記載する.

Landau の記号は関数の次数の見積もりに使うことが多い．たとえば以下の例を考える．

（例）関数 $f(x) = 4x^3 + 3x^2 + 2x + 1$ とする．

ここで，$g(x) = x^3$ とすると，

$$x \to \infty \text{ で } |f(x)/g(x)| = 4$$

となる．したがって，

$$f(x) = O(x^3).$$

1.4 数値計算における誤差

1.4.1 絶対誤差と相対誤差

先述したように，計算機での数値計算では内部の数値表現が有限桁数計算なので，計算の誤差を必ず生じる．いま真値を x，近似値を $\hat{x}$ とする．このときの誤差 ϵ を

$$\epsilon = x - \hat{x} \tag{1.3}$$

と定義する．ここで式 (1.3) の誤差は，以下の2種類で評価されることが多い．

- 絶対誤差 (absolute error) : $|\epsilon|$
- 相対誤差 (relative error) : ϵ / x

絶対誤差では，状況により誤差として意味がないことがある．そのため，一般的には，相対誤差が使われる．

たとえば真値が 10 のとき，絶対誤差が 1 である場合は誤差を考慮して意味があると思われる．一方，同じように絶対誤差が 1 であるときでも真値が 100000 である場合には，この誤差は無視できる可能性が高い．そのため，相対誤差のほうが望ましいといえる．

1.4.2 有効数字

有効数字とは，数値計算の結果として有効となる数字の桁数をいう．ここで，ある数字を数えて p 桁まで意味があるとき，有効桁数は p であるという．また，先行する 0 は有効数字に含めない．

（例 1）3.1415926 で，有効数字 3 桁の場合は，3.14 である．
（例 2）0.0031415 で，有効数字 3 桁の場合は，0.00314 である．

1.4.3 丸め誤差

計算機内部の表現が原因で生じる数値の誤差，もしくは，演算時に生じる誤差のことを**丸め誤差** (round-off error) という．たとえば，10 進数を計算機で 2 進数表現する際に生じる表現の誤差である．また，演算時に計算機内部の 2 進数表現により生じる計算誤差である．

（例）ソースコードC1.2およびソースコードF1.2における $0.1 + 0.2 + 0.3$ の演算結果は，丸め誤差により計算結果が10進数の 0.6 に一致しない．

```
1  double Su;
2  Su = 0.1 + 0.2 + 0.3;
3  if (Su == 0.6) {
4    printf("Su = 0.6\n");
5  } else {
6    printf("Su != 0.6\n");  /* こちらが実行されてしまう */
7  }
```

ソースコード **C1.2**　丸め誤差の確認例

```
1  real(kind=8) :: Su
2  Su = 0.1d0 + 0.2d0 + 0.3d0
3  if (Su == 0.6d0) then
4      write(*,fmt='(a)') "Su = 0.6"
5  else
6      write(*,fmt='(a)') "Su != 0.6"  ! こちらが実行されてしまう
7  endif
```

ソースコード **F1.2**　丸め誤差の確認例

1.4.4　桁落ち

　有効数字がほぼ等しい2つの数を減算すると，その結果の有効桁数が極端に少なくなる．これを，**桁落ち** (cancelling) という．

（**例 1**）　$3.1415926 - 3.1415925 = 0.0000001$ となる．したがって，有効桁数が1桁と劇的に減少してしまう．

（**例 2**）　2次多項式の解の公式を考える．$ax^2 + bx + c = 0 \ (a \neq 0)$ の解は

$$x = \frac{-b \pm \sqrt{b^2 - 4ac}}{2a} \tag{1.4}$$

である．このとき，$b > 0, b^2 \gg 4ac$ であるとする．このとき $\sqrt{b^2 - 4ac}$ は，b とほぼ近い数となる．そのため桁落ちを生じ，解 x の精度が悪くなると予想される．そこで，解 x の精度悪化を防ぐことを考える．ここで，$-b - \sqrt{b^2 - 4ac}$ を分母と分子に掛けて，引き算部分を

$$x = \frac{-2a}{b + \sqrt{b^2 - 4ac}} \tag{1.5}$$

として加算のみで計算すると，桁落ちが避けられる．

1.4.5 情報落ち

絶対値が大きく異なる数を足したり引いたりすることで，小さい方の情報が無視されてしまう誤差を，**情報落ち** (information loss) という．

（例）100 に 0.0001 を 10000 回足しても 101 にならない．

この情報落ちを回避するには，たとえば 0.0001 を 10000 回足してから，そのあとで 100 を足す方法がある．

1.4.6 打ち切り誤差

定式化した数式の打ち切りにより生じる誤差がある．これを，**打ち切り誤差** (truncation error) という．いま，ネイピア数 e の x 乗の Maclaurin（マクローリン）展開 (Maclaurin series) は

$$e^x = 1 + x + x^2/2! + x^3/3! + x^4/4! + \cdots \tag{1.6}$$

となる．式 (1.6) では 4 次で打ち切っているため，関数近似の誤差を生じている．このように，近似式の打ち切りにより生じる理論的な誤差のことを打ち切り誤差という．

打ち切り誤差を減少させるため，式の展開数や分割数を高めることが考えられる．しかしそうすると，かえって数値計算上の誤差（桁落ちなど）を生じることがあるので注意が必要である．打ち切り誤差については，近似式を数値解析して見積もることができる場合がある．その場合には，数値計算時に打ち切り誤差の考慮が可能である．

1.4.7 IEEE754 で定めた丸めのルール

数値表現の規格 IEEE754 では，丸めのやり方を規定している．以下はその例である．

1. 上向きの丸め (round upward)：x 以上の浮動小数点数の中で最も小さい数に丸める．
2. 下向きの丸め (round down word)：x 以下の浮動小数点数の中で最も大きい数に丸める．
3. 最近点への丸め (round to nearest)：x に最も近い浮動小数点数に丸める．もし，このような点が 2 点ある場合は，仮数部の最終ビットが偶数である浮動小数点数に丸める（偶数への丸め (round to even)）．
4. 切り捨て (round toward to zero)：絶対値が x 以下の浮動小数点の中で最も x に近いものに丸める．

1.5　数値計算アルゴリズムの記載方法

先述したようにアルゴリズムとは，問題を解決するための考え方である．数値計算においての数値計算アルゴリズムとは，数値計算手順を定めたものといえる．数値計算アルゴリズムが悪いと，計算時間が膨大になったり，メモリ量が膨大になったり，もしくは解が求まらなかっ

たり（計算が不安定になったり誤差が大きくなったり）する．そのため，数値計算アルゴリズムの考慮は重要である．

　一方，数値計算アルゴリズム自体はどのように記載してもよい．自然言語，計算機言語，もしくは疑似コード，のどれを用いてもよい．

　本書では紙面の都合により，原則として C を基本として一部日本語で記載する「疑似コード」で記載する．一方，演習プログラムとその解説は，Fortran も含める．この疑似コードの記載方法は，ループ (for 文)，判断文 (if 文)，および，式の記載などは C 風に表記し，それ以外は日本語で記述する形式である．

1.6 より深く学ぶために：数値計算ライブラリ

　連立一次方程式を解いたり，固有値問題を解いたりする処理は，数値計算では「よくある処理」である．この，「よくある処理」を毎回，自作のプログラムで開発するのは，効率がよくない．さらに，以下の観点から数値計算処理を実現できる人材は少ない．

(1) 高精度・安定に求める数値計算アルゴリズムを知っている
(2) (1) のアルゴリズムを利用する計算機で高速に実装できる

そこで信頼の置けるプログラムや，計算機の専門家が開発した数値計算ライブラリのプログラムを使うのが望ましい．以上の理由から，高性能な**数値計算ライブラリ**の利用がなされている．数値計算ライブラリは，数値計算でよくある処理をまとめたプログラム集である．一般的に，高速で高精度な機能をユーザに提供している．

1.6.1 数値計算ライブラリの種類
　数値計算ライブラリは扱う対象により多くの種類がある．ここでは，行列演算を扱う数値計算ライブラリの種類について説明する．

- **密行列用ライブラリ**：行列の要素に 0 がないデータ構造を扱うもの．**連立一次方程式，固有値問題** (eigenvalue problem)，FFT (fast fourier transform)，などの解法の提供がある．多くは，数学上は厳密な解となる**直接解法**であるが，**反復解法**のものもある．
  （例）BLAS, LAPACK, ScaLAPACK, SuperLU, MUMPS, FFTW など[1]．
- **疎行列用ライブラリ**：行列の要素に 0 が多いデータ構造を取り扱うもの．連立一次方程式の解法，固有値問題などの解法の提供がある．多くは反復解法を採用している．
  （例）PETSc, Xabclib, Lis, ARPACK など．

---

[1] 最近はプログラム言語の機能として，密行列用の数値計算ライブラリが提供されている場合がある．たとえば NumPy は，プログラミング言語 Python から数値計算を効率的に行うための拡張モジュールが提供されている．

1.6.2 BLAS

BLAS（Basic Linear Algebra Subprograms，基本線形代数副プログラム集）は，線形代数計算で用いられる基本演算を標準化したライブラリである．通常は，密行列用の線形代数計算用の基本演算の副プログラムを指す．疎行列の基本演算用のスパース BLAS というものあるが，データ構造の取り扱いの都合などから定着しているとはいえない．スパース BLAS は，Intel 社が提供する Intel MKL (Math Kernel Library) に含まれている．

BLAS は以下のように演算の分類をして，サブルーチンの命名規則を統一している．演算対象のベクトルや行列の型（整数型，実数型，複素型），行列形状（対称行列，三重対角行列），データ格納形式（帯行列を 2 次元に圧縮），演算結果が何か（行列，ベクトル）で名前を付けている．

1.6.3 LAPACK

LAPACK は密行列に対する連立一次方程式の解法，および固有値の解法の標準アルゴリズムを提供しているライブラリである．ルーチン（プログラム）を無償で提供している．また，LAPACK は BLAS をもとに実装されている．そのため，性能を高めるには BLAS の性能を高めるだけでよいという特徴がある．

1.6.4 その他のライブラリ

密行列や疎行列のライブラリにおいても，特殊な行列構造を利用するなどして高性能化され，最新の計算機で高性能を達成する実装がなされた数値計算ライブラリが多数，研究開発されている．このような行列演算のライブラリの一部を表 1.1 に示す．

表 1.1 その他のライブラリ（行列演算）

種類	問題	ライブラリ名	概要
密行列	BLAS	MAGMA	GPU，マルチコア，ヘテロジニアス環境対応
疎行列	連立一次方程式	MUMPS	直接解法
		SuperLU	直接解法
		PETSc	反復解法，各種機能
		Hypre	反復解法
疎行列	連立一次方程式，固有値ソルバ	Lis	反復解法（和製）
		Xabclib	反復解法，自動チューニング機能（和製）

信号処理は数値計算として多くの分野で行われており，高性能な数値計算ライブラリは強い需要がある．また，数値計算を行う前にグラフの分割などを行う場合もある．このような信号処理やグラフ処理における数値計算ライブラリを，表 1.2 にまとめる．

表 1.2　その他のライブラリ（信号処理など）

種類	問題	ライブラリ名	概要
信号処理	FFT	FFTW	離散フーリエ変換，AT 機能
		FFTE	離散フーリエ変換（和製）
		Spiral	離散フーリエ変換，AT 機能
グラフ処理	グラフ分割	METIS，ParMETIS	グラフ分割
		SCOTCH，PT-SCOTCH	グラフ分割

　より複雑な方程式を解いたり，単純だが多数の演算をともなう処理をしたりする場合には，単独の数値計算ライブラリを適用するだけでは不十分なことがある．この場合は，解くべき問題に特化しプログラミング環境を含めた数値計算環境の利用が有効となる．この数値計算環境のことを**数値計算フレームワーク**とよぶ．表 1.3 は，数値計算フレームワークのうち著名なものの一部をまとめたものである．

表 1.3　その他のライブラリ（数値計算フレームワーク）

種類	問題	ライブラリ名	概要
プログラミング環境	マルチフィジックスなど	Trilinos	プログラミングフレームワークと数値計算ライブラリ
	ステンシル演算	Physis	ステンシル演算用プログラミングフレームワーク（和製）
数値ミドルウェア	有限差分法，有限要素法，個別要素法，境界要素法，有限体積法	ppOpen-HPC	5 種の離散化手法に基づくシミュレーションソフトウェア，数値ライブラリ，AT 機能（和製）

演習課題

問題 1.1（丸め誤差）　1.4.3 項にて説明したように，丸め誤差の影響により $Su = 0.1+0.2+0.3$ は 0.6 と完全に一致しない．これは 1.2.2 項にて説明した IEEE754 形式のビット表現に基づいて Su および 0.6 を出力し比較することで確認することができる．与えられた倍精度浮動小数値をビット列として出力する関数 d2b を実装し，Su と 0.6 が異なる値（ビット表現）であることを確認せよ．

ヒント：C・Fortran ともに浮動小数点型の変数に対する直接的なビット演算は不可能であるが，C では共用体 (union)，Fortran では equivalence 文を利用すれば，浮動小数点型の変数に対するビット演算を行うことができる．

問題 1.2　（桁落ち）　1.4.4 項にて説明したように，2 次多項式の解の公式 (1.4) における桁落ちは式 (1.5) のように変型することで避けることができる．実際にそれぞれの方法で計算を行い，桁落ちの有無を確認せよ．なお具体的な a, b, c の値としてはたとえば $a = 1.0e\text{-}15$, $b = 3.0e\text{-}15$, $c = 2.0e\text{-}15$ を用いることで桁落ちの有無を確認することができる．

問題 1.3　（情報落ち）　1.4.5 項にて説明したように，絶対値が大きく異なる数を足したり引いたりすると小さい方の情報が無視される情報落ちが発生する．

　実数として単精度浮動小数点型を使用し，100.0 に 0.000001(1.0e-6) を 100,000 回加算した場合と，0.000001 を 100,000 回加算した値に 100.0 を加算した場合とを比較し，情報落ちの発生の有無とその影響を確認せよ．

問題 1.4　（マシンイプシロン）　1.2.2 項にて説明した方法を用いて単精度・倍精度それぞれのマシンイプシロンを算出せよ．さらに得られたマシンイプシロンを 1.0 に対して繰り返し（たとえば 100 回）加算してもその和が 1.0 から変わらないことを確認せよ．

プログラム解説

問題 1.1 （丸め誤差）　引数として与えられた倍精度浮動小数点値を16進数表現およびビット表現で出力する関数 d2b の実装例を，ソースコード C1.3 およびソースコード F1.3 に示す．C も Fortran も整数型の値については 1 ビットずつビットシフトして 1 との and（論理和）をとることで各ビットの値を順番に出力できるが，いずれの言語ともに実数に対するビットシフト機能を提供していない．そこで，C では共用体 (union)，Fortran では equivalence 文を利用し，実数値を整数値と見なしてビットシフトと論理演算を行う実装とした．これらを用いて作成したプログラムの実行結果例を見れば，変数 Su と 0.6 が異なるビット列であることが確認できる．

　なお，同様に単精度浮動小数点値についても同様に実装と実験が可能であるが，単精度浮動小数点値の場合は Su と 0.6 が同じビット列になってしまうため注意が必要である．

```
1  #include <stdio.h>
2
3  void d2b (const double d) {
4    union {
5      double d;
6      unsigned long long ll;
7    } u;
8    int i, b;
9    u.d = d;
10   printf(" d2b(%f)\n", u.d);
11   printf(" %llx\n", u.ll);
12   for (i=63; i >= 0; i--) {
13     b = (u.ll >> i) & 0x1;
14     if (i == 63) {
15       printf("%s", b == 0 ? " +": " -");
16     } else {
17       printf("%d", b);
18     }
19     if (i == 52) {
20       printf(".");
21     }
22   }
23   printf("\n");
24 }
25
26 int main() {
27   double Su;
28   Su = 0.1 + 0.2 + 0.3;
29   if (Su == 0.6) {
30     printf("Su = 0.6\n");
31   } else {
32     printf("Su != 0.6\n");
33   }
34   printf("double to binary for Su\n");
35   d2b(Su);
36   printf("double to binary for 0.6\n");
37   d2b(0.6);
38   return 0;
39 }
```

ソースコード **C1.3**　丸め誤差の確認プログラム 1_1_round.c

```
 1  module procedures
 2  contains
 3    subroutine d2b (argd)
 4      implicit none
 5      real(kind=8),intent(in) :: argd
 6      real(kind=8)            :: d
 7      integer(kind=8)         :: u, one, b
 8      integer                 :: i
 9      equivalence (d, u)
10      one = 1
11      d = argd
12      write(*,fmt='(1x,a,f10.6a)') "d2b(", d ,")"
13      write(*,fmt='(1x,z16)') d
14      do i=63, 0, -1
15         b = and(rshift(u,i),one)
16         if (i == 63) then
17            if (b == 0) then
18               write(*,fmt='(1x,a)',advance='no') "+"
19            else
20               write(*,fmt='(1x,a)',advance='no') "-"
21            endif
22         else
23            write(*,fmt='(i1)',advance='no') b
24         endif
25         if (i == 52) write(*,fmt='(a)',advance='no') "."
26      enddo
27      write(*,*)""
28    end subroutine d2b
29  end module procedures
30
31  program main
32    use procedures
33    implicit none
34    real(kind=8) :: Su
35    Su = 0.1d0 + 0.2d0 + 0.3d0
36    if (Su == 0.6d0) then
37      write(*,fmt='(a)') "Su = 0.6"
38    else
39      write(*,fmt='(a)') "Su != 0.6"
40    endif
41    write(*,fmt='(a)') "double to binary for Su"
42    call d2b(Su)
43    write(*,fmt='(a)') "double to binary for 0.6"
44    call d2b(0.6d0)
45    stop
46  end program main
```

ソースコード **F1.3**　丸め誤差の確認プログラム 1_1_round.f90

```
C:
$ ./1_1_round_c
Su != 0.6
double to binary for Su
 d2b(0.600000)
 3fe3333333333334
 +01111111110.0011001100110011001100110011001100110011001100110100
double to binary for 0.6
 d2b(0.600000)
 3fe3333333333333
 +01111111110.0011001100110011001100110011001100110011001100110011

Fortran:
$ ./1_1_round_f
Su != 0.6
double to binary for Su
 d2b(  0.600000)
 3FE3333333333334
 +01111111110.0011001100110011001100110011001100110011001100110100
double to binary for 0.6
 d2b(  0.600000)
 3FE3333333333333
 +01111111110.0011001100110011001100110011001100110011001100110011
```

丸め誤差の確認プログラム 実行結果例

問題 1.2 （桁落ち）　ソースコード C1.4 およびソースコード F1.4 に実装例を示す．それぞれ式の通りに計算することで，異なる x の値を得ることができる．実行結果例から，桁落ち対策を行った実装の方がより適切な（0.0 に近い）結果が得られていることが確認できる．

```
1  #include <stdio.h>
2  #include <math.h>
3
4  int main() {
5    double a, b, c, x;
6    a = 1.0e-15;  c = 2.0e-15;  b = 3.0e15;
7    /* 計算方法1 （桁落ち対策なし） */
8    x = (-b - sqrt(b*b - 4.0*a*c)) / (2.0 * a);
9    printf("x = %e\n", x);
10   printf("  a x*x + b x + c = %e\n\n", a*x*x+b*x+c);
11   /* 計算方法2 （桁落ち対策あり） */
12   x = (-2.0 * a) / (b + sqrt(b*b - 4.0*a*c));
13   printf("Improved x = %e\n", x);
14   printf("  a x*x + b x + c = %e\n\n", a*x*x+b*x+c);
15   return 0;
16 }
```

ソースコード C1.4　桁落ちの確認プログラム 1_2_cancel.c

```fortran
1  program main
2    implicit none
3    real(kind=8) :: a, b, c, x
4    a = 1.0d-15;  c = 2.0d-15;  b = 3.0d15
5    ! 計算方法1 （桁落ち対策なし）
6    x = (-b - sqrt(b*b - 4.0d0*a*c)) / (2.0d0 * a)
7    write(*,fmt='(a,e14.7)') "x =", x
8    write(*,fmt='(2x,a,e14.7/)') "a x*x + b x + c =", a*x*x+b*x+c
9    ! 計算方法2 （桁落ち対策あり）
10   x = (-2.0d0 * a) / (b + sqrt(b*b - 4.0d0*a*c))
11   write(*,fmt='(a,e14.7)') "Improved x =", x
12   write(*,fmt='(2x,a,e14.7/)') "a x*x + b x + c =", a*x*x+b*x+c
13   stop
14 end program main
```

ソースコード **F1.4**　桁落ちの確認プログラム 1_2_cancel.f90

```
C:
$ ./1_2_cancel_c
x = -3.000000e+30
  a x*x + b x + c = 2.000000e-15

Improved x = -3.333333e-31
  a x*x + b x + c = 1.000000e-15


Fortran:
$ ./1_2_cancel_f
x =-0.3000000E+31
  a x*x + b x + c = 0.2000000E-14

Improved x =-0.3333333E-30
  a x*x + b x + c = 0.1000000E-14
```

桁落ちの確認プログラム 実行結果例

問題 1.3　（情報落ち）　ソースコード C1.5 およびソースコード F1.5 に実装例を示す．それぞれの計算順序に対応したプログラムを作成し実行することで，異なる実行結果が得られることが確認できる．

実行結果例の通り，100.0 に値を加算していく ans(1) は情報落ちが発生しており，加算がまったく反映されていない．一方で 0.0 に値を加算していき最後に 100.0 を加算する ans(2) は情報落ちが発生していないため，繰り返し実行した加算が反映されている．ただし丸め誤差は発生するため，加算回数と計算結果は一致していない．

なお倍精度浮動小数点型を使用する場合は，$1.0e^{-6}$ の代わりに $1.0e^{-15}$ を使用し，多くの桁数を表示させれば，同様に情報落ちの発生を確認することができる．

```c
 1  #include <stdio.h>
 2
 3  int main() {
 4    int i;
 5    float x;
 6    /* 情報落ちが発生する例 */
 7    x = 100.0f;
 8    for (i=0; i<100000; i++) {
 9      x = x + 1.0e-6f;
10    }
11    printf("ans(1) x = %f\n", x);
12    /* 情報落ちが発生しない例 */
13    x = 0.0f;
14    for (i=0; i<100000; i++) {
15      x = x + 1.0e-6f;
16    }
17    x = 100.0f + x;
18    printf("ans(2) x = %f\n", x);
19    return 0;
20  }
```

ソースコード **C1.5**　情報落ちの確認プログラム 1_3_infoloss.c

```fortran
 1  program main
 2    implicit none
 3    integer      :: i
 4    real(kind=4) :: x
 5    ! 情報落ちが発生する例
 6    x = 100.0e0
 7    do i=1, 100000
 8       x = x + 1.0e-6
 9    enddo
10    write(*,fmt='(a,f10.6)') "ans(1) x = ", x
11    ! 情報落ちが発生しない例
12    x = 0.0e0
13    do i=1, 100000
14       x = x + 1.0e-6
15    enddo
16    x = x + 100.0e0
17    write(*,fmt='(a,f10.6)') "ans(2) x = ", x
18    stop
19  end program main
```

ソースコード **F1.5**　情報落ちの確認プログラム 1_3_infoloss.f90

```
C:
$ ./1_3_infoloss_c
ans(1) x = 100.000000
ans(2) x = 100.099892
Fortran:
$ ./1_3_infoloss_f
ans(1) x = 100.000000
ans(2) x = 100.099892
```

情報落ちの確認プログラム 実行結果例

問題 1.4(マシンイプシロン) ソースコード C1.6 およびソースコード F1.6 に実装例を示す.マシンイプシロンの求め方は 1.2.2 項で紹介したとおりである.求めたマシンイプシロンを初期値 1.0 の変数に対して繰り返し加算し,その結果が 1.0 から変わらないことを確認することで,マシンイプシロンの妥当性を確認することができる.

実行結果例の通り,ftemp および dtemp は 1.0 に対してマシンイプシロンを 100 回加算した結果であるが,1.0 からまったく変化していない.マシンイプシロンの代わりにマシンイプシロンよりわずかに大きな値を加算してみれば,1.0 よりも大きな値が得られるはずである.

```c
#include <stdio.h>

int main() {
  int i;
  float feps, ftemp;
  double deps, dtemp;
  /* 単精度浮動小数点型のマシンイプシロン */
  feps = 1.0f;
  while (feps + 1.0f > 1.0f) {
    feps = feps * 0.5f;
  }
  printf("single precision machine epsilon = %e\n", feps);
  ftemp = 1.0f;
  for (i=0; i<100; i++) {
    ftemp += feps;
  }
  printf("  ftemp = %e\n", ftemp);
  /* 倍精度浮動小数点型のマシンイプシロン */
  deps = 1.0;
  while (deps + 1.0 > 1.0) {
    deps = deps * 0.5;
  }
  printf("double precision machine epsilon = %e\n", deps);
  dtemp = 1.0;
  for (i=0; i<100; i++) {
    dtemp += deps;
  }
  printf("  dtemp = %e\n", dtemp);
  return 0;
}
```

ソースコード **C1.6** マシンイプシロンの確認プログラム 1_4_machine_eps.c

```
 1  program main
 2    implicit none
 3    integer       :: i
 4    real(kind=4) :: feps, ftemp
 5    real(kind=8) :: deps, dtemp
 6    ! 単精度浮動小数点型のマシンイプシロン
 7    feps = 1.0e0
 8    do while (feps + 1.0e0 > 1.0e0)
 9       feps = feps * 0.5e0
10    end do
11    write(*,fmt='(a,e13.7)') "single precision machine epsilon = ", feps
12    ftemp = 1.0e0
13    do i=1, 100
14       ftemp = ftemp + feps
15    enddo
16    write(*,fmt='(2x,a,e13.7)') "ftemp = ", ftemp
17    ! 倍精度浮動小数点型のマシンイプシロン
18    deps = 1.0d0
19    do while (deps + 1.0d0 > 1.0d0)
20       deps = deps * 0.5d0
21    end do
22    write(*,fmt='(a,e13.7)') "double precision machine epsilon = ", deps
23    dtemp = 1.0d0
24    do i=1, 100
25       dtemp = dtemp + deps
26    enddo
27    write(*,fmt='(2x,a,e13.7)') "dtemp = ", dtemp
28    stop
29  end program main
```

ソースコード **F1.6**　マシンイプシロンの確認プログラム 1_4_machine_eps.f90

```
C:
$ ./1_4_machine_eps_c
single precision machine epsilon = 5.960464e-08
  ftemp = 1.000000e+00
double precision machine epsilon = 1.110223e-16
  dtemp = 1.000000e+00


Fortran:
$ ./1_4_machine_eps_f
single precision machine epsilon = 0.5960464E-07
  ftemp = 0.1000000E+01
double precision machine epsilon = 0.1110223E-15
  dtemp = 0.1000000E+01
```

マシンイプシロンの確認プログラム 実行結果例

第2章

方程式の根

本章では，数値計算の典型例として関数の根を求める数値計算アルゴリズムを解説する．一般に，任意の関数の根を解析的に求めることは簡単ではないが，数値計算では手順を踏むことで比較的簡単に，根のいくつかを求めることができる．ただし，数値計算アルゴリズムを利用するための数学的な条件があるので注意が必要である．また，根が求まらなくなる場合があることを認識する必要がある．さらに数値計算アルゴリズム構築の醍醐味である，考え方により同様の計算を高速化できることも説明する．

2.1 方程式の根

方程式の根とは，関数 $f(x)$ において，$f(\hat{x}) = 0$ となる $\hat{x}$ の数値のことである．方程式の根は関数の性質によっては，解の公式から厳密に求めることができる．しかし任意な関数の場合には，一般に解の公式は存在しないため数値計算により求めるしかない．

ある閉区間 $[a, b]$ に根がある場合は，閉区間を決まった手順で狭めていくことで，近似的な根の値を数値計算で求めることができる．ここでは，その数値計算アルゴリズムを紹介する．

2.2 2分法

2分法 (bisection method) とは，**中間値の定理** (intermediate value theorem) を利用して，方程式の根を近似計算する方法である．

2.2.1 中間値の定理

$f(a) < 0$, $f(b) > 0$ となる a, b が存在すれば，$f(\hat{x}) = 0$ となるような根 $\hat{x}$ が，a と b との間に少なくとも1つ存在する．つまり，$y = 0$ を横切る x 軸の値，すなわち根が少なくとも1つはある．

2分法は，中間値の定理と根の候補となる値を，中間点である $(a+b)/2$ を推定の根の値として探索していく方法である．

(例) $f(x) = \log_e(x)$ を考える．ここで，$f(0.5) < 0$, $f(2) > 0$ なので $a = 0.5$, $b = 2$ と取ると，中間値の定理より，その間に根は存在する．この状況を，図2.1に示す．

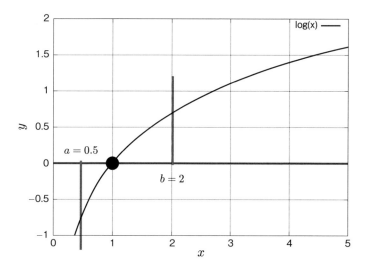

図 2.1 2分法における初期区間の設定

根の探索のため,以下のケースを考える.ここで,$c = (a + b)/2$とする.

- ケース1: $f(c) > 0$の場合

  この場合は,根はcの左側にある.したがって,次のbはcにする.この状況を,図2.2に示す.

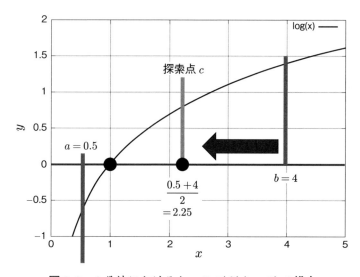

図 2.2 2分法におけるケース1$(f(c) > 0)$の場合

- ケース 2: $f(c) < 0$ の場合

  この場合は，根は c の右側にある．したがって，次の a は c にする．この状況を，図2.3 に示す．

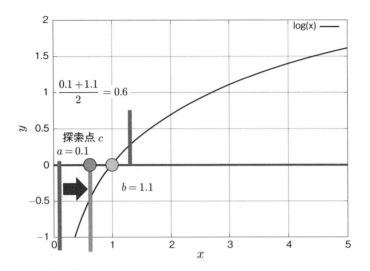

図 2.3 2分法におけるケース $2(f(c) < 0)$ の場合

- ケース 3: $f(c) = 0$ の場合

  c は 根 である．

2.2.2 2分法のアルゴリズム

以上をまとめた2分法のアルゴリズムをアルゴリズム 2.1 に示す．

アルゴリズム 2.1 2分法のアルゴリズム

```
1  f(a) < 0, f(b) > 0 となる, a, b を設定する.
2  計算終了判定のための十分小さな正の実数 EPS を設定する.
3  while (1) {
4    c = (a + b)/2 ;
5    if (|a - b|/2 <  EPS) break;
6    fc = f(c);
7    if (fc > 0) b = c;
8    if (fc < 0) a = c;
9    if (fc == 0) break;
10  }
11  return c;  // 根を返す
```

2分法の実行結果例

アルゴリズム 2.1 の実行結果例を示す.

$f(x) = \log_e(x)$. ここで, $a = 0.5$, $b = 2.0$, EPS $= 1.0e\text{-}8$. また, diff は $|a-b|/2$ である.

```
 1 // a: 5.000000e-01 / b:2.000000e+00 / c:1.250000e+00  diff: 7.500000e-01 fc: 2.231436e-01
 2 // a: 5.000000e-01 / b:1.250000e+00 / c:8.750000e-01  diff: 3.750000e-01 fc: -1.335314e-01
 3 // a: 8.750000e-01 / b:1.250000e+00 / c:1.062500e+00  diff: 1.875000e-01 fc: 6.062462e-02
 4 // a: 8.750000e-01 / b:1.062500e+00 / c:9.687500e-01  diff: 9.375000e-02 fc: -3.174870e-02
 5 // a: 9.687500e-01 / b:1.062500e+00 / c:1.015625e+00  diff: 4.687500e-02  fc: 1.550419e-02
...
25 // a: 1.000000e+00 / b:1.000000e+00 / c:1.000000e+00  diff: 4.470348e-08 fc: 1.490116e-08
26 // a: 1.000000e+00 / b:1.000000e+00 / c:1.000000e+00  diff: 2.235174e-08 fc: -7.450581e-09
27 // a: 1.000000e+00 / b:1.000000e+00 / c:1.000000e+00  diff: 1.117587e-08 fc: 3.725290e-09
28 // a: 1.000000e+00 / b:1.000000e+00 / c:1.000000e+00
root of log_e(x) is: 1.000000e+00
```

2.3　Newton 法

前節の2分法は, 解のある範囲が指定できれば安全に解を求めることができる. しかし根の探索時間, すなわち探索回数が多いのが問題である. そこで, もう少し数学的に賢い方法を考える.

本節で紹介する Newton (ニュートン) 法 (Newton's method) は, 探索時間を減少可能である. 一方で解に収束しない場合がある. そのため, 2分法に対して求解が不安定化することがある.

Newton 法は, 接線を利用して根 $\hat{x}$ を探索していく方法である. いま, $f(x) = x^2$ を考える. また根の近くの x 座標として, x_0 が取れたとする. このとき図 2.4 のように, 次点である x_1, x_2, $\cdots$ を取っていく方法である.

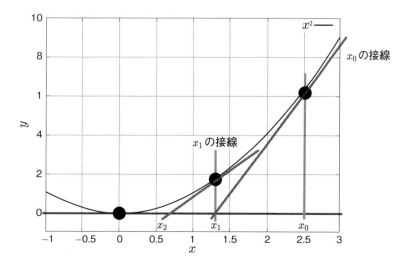

図 2.4　Newton 法による探索

図2.4では，X軸の点 x_k における傾きは $f'(x_k)$ なので，接線の方程式は，

$$y = f'(x_k)(x - x_k) + f(x_k) \tag{2.1}$$

となる．$y = 0$ のときの x が次のX軸の点 $x_{(k+1)}$ である．そこで，式 (2.1) を変形して以下を得る．

$$x_{k+1} = x_k - \frac{f(x_k)}{f'(x_k)} \tag{2.2}$$

式 (2.2) から，次の探索点 x_{k+1} が計算できる．したがって，反復による探索で根に近づいていくことが期待できる．

2.3.1 Newton 法のアルゴリズム

Newton 法では次の探索点 x_{k+1} しか計算しない．そのため，そのままでは根にどれだけ近いかを判断できない[1]．

そこで，探索点 x_k と x_{k+1} との距離が，十分に小さい距離（正の実数 ϵ）より小さくなると終了，とみなす方法を採用する．すなわち，反復の終了判定基準として，式 (2.3) を採用する．

$$|(x_{k+1} - x_k)/x_{k+1}| < \epsilon \tag{2.3}$$

以上をまとめた Newton 法のアルゴリズムをアルゴリズム 2.2 に示す．

アルゴリズム 2.2 Newton 法のアルゴリズム

```
1  対象の関数 f(x) の微分関数 f'(x) を得る.
2  初期探索点 x を設定する.
3  計算終了判定のための十分小さな正の実数 ε (EPS) を設定する.
4  while (1) {
5      x_new = x - f(x) / f'(x)
6      if (|x_new - x| < EPS|x_new|) break;
7      x = x_new;
8  }
9  return x_new;   // 根を返す.
```

---

[1] 2分法では，探索区間 $[a, b]$ の両端の関数値 $f(a)$，$f(b)$，および現在の探索点 c に対して関数値 $f(c)$ を直接計算して反復しているので，根にどれだけ近いかを毎回の反復で直接検証している．

Newton 法の実行結果例

アルゴリズム 2.2 の実行結果例を示す.

$f(x) = \log_e(x)$. ここで, $x = 2.0$, EPS $= 1.0e\text{-}8$. また, `x_diff` は式 (2.3) の左辺の項である.

```
1 // x_new: 6.137056e-01 x diff: 2.258891e+00
2 // x_new: 9.133412e-01 x diff: 3.280653e-01
3 // x_new: 9.961317e-01 x diff: 8.311200e-02
4 // x_new: 9.999925e-01 x diff: 3.860834e-03
5 // x_new: 1.000000e+00 x diff: 7.491497e-06
6 // x_new: 1.000000e+00
root of log_e(x) is: 1.000000e+00
```

以上の例では, 2 分法で 28 回の反復で収束した問題に対して, Newton 法では 6 回の反復で終了しており, 大幅に高速化が達成できたことがわかる.

2.3.2　Newton 法の計算量

Newton 法では, 1 反復あたり $f(x)$ と $f'(x)$ の 2 回の関数計算を行う. また, 1 反復当たりどれだけ誤差を減少されるか見積もることができれば, 指定した要求精度までの計算量が算出できる.

いま根を $\hat{x}$ とし, k 反復時の誤差を $\epsilon = x_k - \hat{x}$ とする. このとき, ϵ と ϵ_{k+1} との関連は Taylor (テイラー) 展開 (Taylor series) を利用して計算できる. 結果は式 (2.4) のようになる.

$$\epsilon_{j+1} \approx \frac{f''(\hat{x})}{2f'(\hat{x})}\epsilon_k^2 \tag{2.4}$$

ただし, $f'(\hat{x}) \neq 0$ である必要がある.

式 (2.4) は, 反復 1 回で誤差が 2 乗で喪失することを意味している. そのため, **2 次収束** (second-order convergence) という. ただし, $f'(\hat{x}) = 0$ の場合は成り立たない. この場合は重根をもつ場合である. 重根をもつと, Newton 法の収束性が低下する.

2.3.3　Newton 法が失敗する例

Newton 法では微分関数 $f'(x)$ を用いるため, 計算中の点 x_k で $f'(x_k)$ が 0 に近くなると 0 で割る演算により計算が破綻する. また x_k の取り方が悪いと, 根から離れていく場合がある. この場合も計算が破綻する. この例を図 2.5 に示す.

演習課題

問題 2.1（2 分法）　2.2.2 項にて説明した 2 分法のアルゴリズム（アルゴリズム 2.1）を実装せよ. $a = 0.5$, $b = 2.0$, EPS $= 1.0e\text{-}8$ として計算を行い, $f(x) = \log_e(x)$ の根を求めよ.

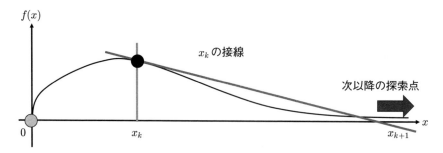

図 2.5　Newton 法で計算が破綻する例

問題 2.2（Newton 法）　2.3.1 項にて説明した Newton 法のアルゴリズム（アルゴリズム 2.2）を実装せよ．$x = 2.0$，EPS $= 1.0e\text{-}8$ として計算を行い，$f(x) = \log_e(x)$ の根を求めよ．

プログラム解説

問題 2.1 (2分法)　ソースコード C2.1 およびソースコード F2.1 に実装例を示す．アルゴリ
ズム 2.1 の通りに実装すれば正しく計算結果が得られる．実行結果例は 2.2.2 項にて示したも
のと基本的に同様となるため省略する．

```c
#include <stdio.h>
#include <math.h>

double f (const double x) {
  return log(x);
}

int main() {
  double a, b, c, fc, eps;
  int i;
  a = 0.5;
  b = 2.0;
  eps = 1.0e-8;
  i = 1;
  while (1) {
    c = (a + b) / 2.0;
    printf("%d // a: %e / b: %e / c: %e\n", i, a, b, c);
    printf("  diff: %e\n", fabs(a-b)/2.0);
    if (fabs(a-b)/2.0 < eps) break;
    fc = f(c);
    printf("  fc: %e\n", fc);
    if (fc > 0.0) b = c;
    if (fc < 0.0) a = c;
    if (fc == 0.0) break;
    i++;
  }
  printf("root of log_e(x) is: %e\n", c);
  return 0;
}
```

ソースコード **C2.1**　2分法プログラム 2_1_bisec.c

```fortran
module procedures
contains
  real(kind=8) function f (x)
    implicit none
    real(kind=8),intent(in) :: x
    f = log(x)
  end function f
end module procedures

program main
  use procedures
  implicit none
  integer      :: i
  real(kind=8) :: a, b, c, fc, EPS
  a = 0.5d0
  b = 2.0d0
  EPS = 1.0d-8
  i = 1
  do while(.true.)
    c = (a + b) / 2.0d0
    write(*,fmt='(i0,3(a,e12.6))') i, " // a: ", a, " / b: ", b, " / c: ", c
    write(*,fmt='(2x,a,e14.6)') "diff:", dabs(a-b)/2.0d0
    if (dabs(a-b)/2.0d0 < EPS) exit
    fc = f(c)
    write(*,fmt='(2x,a,e14.6)') "fc:", fc
    if (fc > 0.0d0) b = c
    if (fc < 0.0d0) a = c
    if (fc == 0.0d0) exit
    i = i + 1
  end do
  write(*,fmt='(a,e14.6)') "root of log_e(x) is:", c
  stop
end program main
```

ソースコード **F2.1** 2分法プログラム 2_1_bisec.f90

問題 2.2（Newton 法）　ソースコード C2.2 およびソースコード F2.2 に実装例を示す．アルゴリズム 2.2 の通りに実装すれば正しく計算結果が得られる．実行結果例は 2.3 節にて示したものと基本的に同様となるため省略する．

```
#include <stdio.h>
#include <math.h>

double f (const double x) {
  return log(x);
}

double f_prime (const double x) {
  return 1.0/x;
}

int main() {
  int i;
  double x, x_new, EPS;
  x = 2.0;
  EPS = 1.0e-8;
  i = 1;
  while (1) {
    x_new = x - f(x) / f_prime(x);
    printf("%d // x_new: %e x_diff: %e\n",
           i, x_new, fabs(x_new - x)/fabs(x_new));
    if (fabs(x_new - x) < EPS * fabs(x_new)) break;
    x = x_new;
    i++;
  }
  printf("root of log_e(x) is: %e\n", x_new);
  return 0;
}
```

ソースコード **C2.2**　Newton 法プログラム 2_2_newton.c

```fortran
module procedures
contains
  real(kind=8) function f (x)
    implicit none
    real(kind=8),intent(in) :: x
    f = log(x)
  end function f
  real(kind=8) function f_prime (x)
    implicit none
    real(kind=8),intent(in) :: x
    f_prime = 1.0d0 / x
  end function f_prime
end module procedures

program main
  use procedures
  implicit none
  integer      :: i
  real(kind=8) :: x, x_new, EPS
  x = 2.0d0
  EPS = 1.0d-8
  i = 1
  do while (.true.)
     x_new = x - f(x) / f_prime(x)
     write(*,fmt='(i0,2(a,e14.6))') &
           i, " // x_new:", x_new, " x_diff:", dabs(x_new-x) / dabs(x_new)
     if (dabs(x_new-x) < EPS * dabs(x_new)) exit
     x = x_new
     i = i + 1
  end do
  write(*,fmt='(a,e14.6)') "root of log_e(x) is:", x_new
  stop
end program main
```

ソースコード **F2.2**　Newton法プログラム 2_2_newton.f90

第3章

曲線の推定

　本章では，データが与えられたときに自然にその形状をあてはめることができる関数の設定の仕方を学ぶ．具体的には，データ間の連続性を考慮した多項式の近似で数学的に巧妙な方法があるので，そのアルゴリズムを説明する．一方，データを自然にあてはめることができる関数を求めることは，データとして与えられていない箇所の値を得られた関数で予想できることを意味する．これは，データがないところの数値の予想をすること，および，将来の数値の予想をすることと同じである．このような予想はデータサイエンスで活用される重要な考え方であり，近年特に重要な概念となっている．

3.1　曲線の推定とは

　図3.1の3つのデータ (x_1, y_1)，(x_2, y_2)，(x_3, y_3) が与えられたとする．このとき，この3点を通る曲線，すなわち $y = f(x)$ となる関数 $f(x)$ はどうなるだろうか．

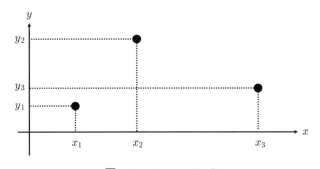

図3.1　3つのデータ

　図3.2のような，図3.1の3点を通る曲線 C_1 と C_2 を考える．図3.2の曲線 C_1 は自然にデータをあてはめているように見える．しかし，正しさの基準がないので，C_1 の曲線が本当に妥当かあてはめなのかは判断できない．一方，曲線 C_2 はデータがないところの変化が激しい．この理由から，正しさの基準が提示されていない状況では考慮すべき曲線ではないといえる．少なくとも C_2 のデータあてはめは無理があるため，「自然」な曲線のあてはめとはいえないこ

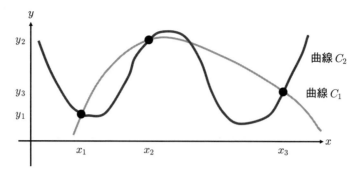

図**3.2**　2つの曲線

とは納得いただけると思う．以上の理由から，ここでは曲線 C_2 のようなデータのあてはめを除外する．

　またデータのあてはめという観点では，物理法則に基づく関数に実験データが従うかどうかを検証することもある．あるいは，実験データから導かれた関数を求めたい場合がある[1]．

　たとえばある実験において，理論的には $y = f(x) = ax^2$ に従うが，何らかの誤差が入って測定されるものとする．このとき測定データをもとに，誤差が少なくなるように曲線 ax^2 を推定する，つまり，a を定めたいことがある．この状況を，図3.3に示す．

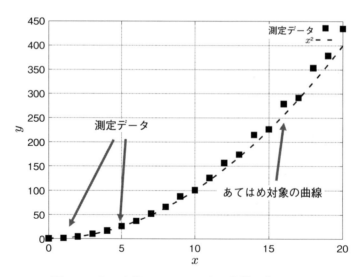

図**3.3**　ある実験データにおける曲線のあてはめ

---

[1] データサイエンスでは，このデータあてはめを回帰 (regression) とよぶ．回帰はデータ解析における重要な方法の1つであり，多くのやり方がある．3.4節で紹介する最小2乗法も回帰の手法の1つである．

以上の2つの事例のような事例を，一般に，**曲線のあてはめ** (curve fitting) とよぶ．本章では，この曲線のあてはめの数値計算アルゴリズムを紹介する．

3.2 Lagrange 補間

Lagrange（ラグランジェ）**補間** (Lagrange's interpolation) とは，Lagrange **補間多項式** (Lagrange's interpolating polynomial) を用いて，データ間を補間する方法である．与えられた点を通るような，もっともらしい多項式で関数を定めることで，曲線のあてはめを行う方法である．

ここで**補間** (interpolation) とは関数を用いて，与えられた両端の点の内部にある各点の値を推定することである．

3.2.1 Lagrange 補間多項式

いま与えられた $N+1$ 点 (x_0, y_0), (x_1, y_1), $\cdots$, (x_N, y_N) があるとする．この $N+1$ 点を通る N 次多項式 $p_N(x)$ は，

$$p_N(x) = a_0 + a_1 x + a_2 x^2 + \cdots + a_N x^N \tag{3.1}$$

である．ここで，与えられた $N+1$ 点を通るため以下の制約がある．

$$p_N(x_i) = y_i \quad (i = 0, 1, \cdots, N) \tag{3.2}$$

与えられた2点 $(N=1)$ (x_0, y_0), (x_1, y_1) があるとする．この2点を通る1次多項式 $p_1(x)$ は

$$p_1(x) = a_0 + a_1 x \tag{3.3}$$

である．2点 y_0 と y_1 を通ることを考慮すると

$$
\begin{aligned}
a_0 + a_1 x_0 &= y_0 \\
a_0 + a_1 x_1 &= y_1
\end{aligned}
\tag{3.4}
$$

となる．以上から，係数 a_0 と a_1 を求めると

$$
\begin{aligned}
a_0 &= \frac{x_0 y_1 - x_1 y_0}{x_0 - x_1} \\
a_1 &= \frac{y_0 - y_1}{x_0 - x_1}
\end{aligned}
\tag{3.5}
$$

となる．以上を式 (3.3) に代入すると，

$$
\begin{aligned}
p_1 &= \frac{x_0 y_1 - x_1 y_0}{x_0 - x_1} + \frac{y_0 - y_1}{x_0 - x_1} x \\
&= \frac{x - x_1}{x_0 - x_1} y_0 + \frac{x - x_0}{x_1 - x_0} y_1
\end{aligned}
\tag{3.6}
$$

を得る．

　ここで N を一般化することを考える．$p_N(x)$ の係数を一般化するため，以下を導入する．

$$l_j(x) = \frac{(x-x_0)(x-x_1)\cdots \underline{(x-x_{j-1})}\,\underline{(x-x_{j+1})} \cdots (x-x_N)}{(x_j-x_0)(x_j-x_1)\cdots \underline{(x_j-x_{j-1})}\,\underline{(x_j-x_{j+1})} \cdots (x_j-x_N)} \tag{3.7}$$

ここで，上式の波線の項に注意する．また，$i=j$ で $x=x_i$ を代入すると，分母と分子は同じとなる．また，$i \neq j$ で $x=x_j$ のとき，分子はどこかの項が 0 となる．このことを考慮すると，以下が成り立つ．

$$l_j(x_i) = \begin{cases} 1 & (i=j) \\ 0 & (i \neq j) \end{cases} \tag{3.8}$$

以上を用いると，一般的に以下のように記載できる．

$$p_N = \sum_{k=0}^{N} y_j l_j(x) \tag{3.9}$$

式 (3.9) を用いた多項式による補間のことを，Lagrange 補間とよぶ．

（例） Lagrange 補間の実例

　5点（$N=5$）のデータについて，Lagrange 補間により，曲線のあてはめを行う．ここで，与えるデータは $\cos(x)$ の値がサンプリングされているものである．結果を図 3.4 に示す．

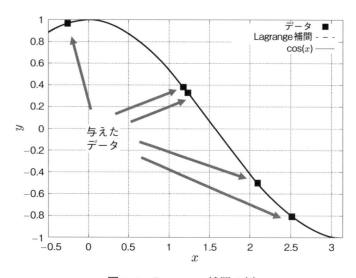

図 3.4　Lagrange 補間の例

　図 3.4 において，Lagrange 補間による結果と，正解の関数 $\cos(x)$ の値を比較してみる．そうすると，この範囲内においては曲線のあてはめがよくなされている結果であるといえる．

　この例では，与えたデータの外側の値も関数で予想している．このような予想を**補外 (extrapolation)** という．補外は与えられたデータ以外の値を予想する．一般に，補外された値の精度を高めることは難しいため注意が必要である．

3.2.2　Lagrange 補間のアルゴリズム

アルゴリズム 3.1 に，前節の Lagrange 補間の例（図 3.4）におけるアルゴリズムを示す．アルゴリズム 3.1 の 6 行目までで，この例の場合のデータの点を設定している．

アルゴリズム 3.1　Lagrange 補間のアルゴリズム

```
1  N = 5;
2  // サンプリング点の設定
3  x_j[0] = PI*(1.0/4.0-1.0/3.0);  x_j[1] = PI*(1.0/4.0+1.0/7.0);
4  x_j[2] = PI*(1.0/2.0-1.0/8.0);  x_j[3] = PI*(1.0/2.0+1.0/6.0);
5  x_j[4] = PI*(4.0/5.0);          x_j[5] = PI*(5.0/6.0);
6  for (i=0; i<N+1; i++) y_j[i] = cos(x_j[i]);
7  // 補間計算
8  for (i=0; i<100; i++) {
9    x = -0.5 + (PI / 100.00) * (double)i
10   y = 0.0;
11   for (j=0; j<N+1; j++) { y = y + y_j[j] * l_j(x, j, N); }
12 }
13
14 double l_j (double x, int j, int N) {
15   int i;
16   double x_u, x_l;
17   x_u = 1.0;  x_l = 1.0;
18   for (i=0; i<N+1; i++) {
19     if (j != i) {
20       x_u = x_u * (x - x_j[i]);
21       x_l = x_l * (x_j[j] - x_j[i]);
22   } }
23   return x_u / x_l;
24 }
```

3.2.3　Lagrange 補間の誤差

$x_0 < x_1 < \cdots x_N$ とすると，Lagrange 補間多項式と関数 $f(x)$ との誤差には

$$f(x) - p_N(x) = \frac{f^{(N+1)}(\xi)}{(N+1)!}(x - x_0)(x - x_1)\cdots(x - x_N), (x_0 < x < x_n) \tag{3.10}$$

を満たす $x_0 < \xi < x_N$ があることが知られている（参考：(高橋, 1996) [11]）．

なお，$f^{(N+1)}(x)$ の $N+1$ 階導関数である．そのため，誤差は与えられた点と関数 $f(x)$ の特性に依存して決まる．

3.2.4　Lagrange 補間の欠点

　Lagrange 補間において高い次数，すなわち大きな N（データ点数）で曲線のあてはめをすると，大きな誤差を生じることがある．これを，Runge（ルンゲ）の現象とよぶ．この例を図3.5に示す．

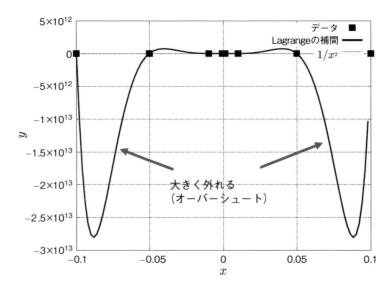

図3.5　高次元での曲線のあてはめで生じる大きな誤差の例

　図3.5は，$N = 9$ でデータは $f(x) = 1/x^2$ の点を与えた例である．図3.5から正解となる $f(x) = 1/x^2$ の値に対して，Lagrange の補間で求めた $p_9(x)$ の値が大きくずれていることがわかる．このように，予測した値が大きくずれる現象をオーバーシュート (Overshoot) とよぶ．

　Lagrange 補間においてオーバーシュートを防ぐためには，次数 N は小さくとるほうがよい．すなわち，Lagrange 補間で精度の高い結果を得るためには，少ないデータ数で実行しないといけないことから，データを与える箇所が重要となる．

3.3　スプライン補間

　本節では，データ間を滑らかな曲線でつなぐ方法の1つである，スプライン補間について説明する．

　前節の Lagrange 補間では，次数が大きい場合はオーバーシュートが起きることが明らかになった．多数データを使いたい場合は，オーバーシュートを防ぐため低次の Lagrange 補間を活用するしかない．そのためにはまず，データを区分的に分け低次の Lagrange 補間を適用することを考える．この欠点は，区分のつなぎ目で滑らかではない点が生じるため数学的な扱い

が難しくなることである.

例として以下の $N = 6$ を考える.元データを2つごとに分けて3区分を作る.この各区分に対して,Lagrange 補間を適用して曲線をあてはめる.以下にこの方法をまとめる.

- 元データ：$(x_0, y_0)\,(x_1, y_1)\,(x_2, y_2)\,(x_3, y_3)\,(x_4, y_4)\,(x_5, y_5)$
- 区分データ：$(x_0, y_0)\,(x_1, y_1)\mid(x_2, y_2)\,(x_3, y_3)\mid(x_4, y_4)\,(x_5, y_5)$

（例）$N = 12$ の12点のデータを区分に分け,3次の Lagrange 補間を利用した例

ここでは4点ずつ区分的に3次の Lagrange 補間を適用する.結果を図3.6に示す.

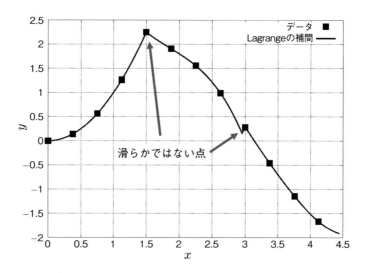

図 3.6 12点のデータを4点ずつ区分的に Lagrange 補間を適用した例

図3.6では,各区分の境界データの補間時に滑らかではない点が見受けられる.そのため,数学的な取り扱いが難しくなる場合がある.

3.3.1 スプライン補間の導出

以上の Lagrange 補間の欠点の解消を試みる.**スプライン補間** (spline interpolation) では,区分けしたデータの間も滑らかに接続することができる.

以降,導出は（高橋, 1996）[11] に従う.いま,$N + 1$ 点のデータ $(x_0, y_0), (x_1, y_1), \cdots,$ (x_N, y_N) があるとする.ここで,$x_0 < x_1 < \cdots < x_N$ とする.

このとき,関数

$$y = S(x) \tag{3.11}$$

で曲線を近似する.

　ここで $S(x)$ を 3 次の多項式とすると，これを 3 次スプライン (third order spline) とよぶ.

　各区間 $S(x)$ の区間 $[\,x_j,\,x_{j+1}\,]$ （$x_j \le x \le x_{j+1}$）で，$S(x) = S_j(x)$ とする．いま，3 次多項式を考えているため，

$$S_j = a_j(x - x_j)^3 + b_j(x - x_j)^2 + c_j(x - x_j) + d,$$
$$(j = 0, 1, \cdots, N-1) \tag{3.12}$$

であるとする.

　このとき，各区間の滑らかさに関する以下の条件を設定する.

1. （条件 1）$y = S(x)$ は連続であり，点 (x_j, y_j), $j = 0, 1, \cdots N$ を通る.
2. （条件 2）各区間の切れ目 $x = x_j$, $j = 0, 1, \cdots, N-1$で，$y = S(x)$ の 1 階微分，および 2 階微分の関数の係数が連続である.

以上の条件 1 と 2 から，以下の条件を付加する.
条件 1 より，

$$\text{（条件 1–1）} \quad S_j(x_j) = y_j, (j = 0, 1, \cdots, N-1) \tag{3.13}$$
$$\text{（条件 1–2）} \quad S_j(x_{j+1}) = y_{j+1}, (j = 0, 1, \cdots, N-1) \tag{3.14}$$

また，条件 2 より，

$$\text{（条件 2–1）} \quad S_j'(x_{j+1}) = S_{j+1}'(x_{j+1}), (j = 0, 1, \cdots, N-1) \tag{3.15}$$
$$\text{（条件 2–2）} \quad S_j''(x_{j+1}) = S_{j+1}''(x_{j+1}), (j = 0, 1, \cdots, N-1) \tag{3.16}$$

とする.

　いま $x = x_j$ における 2 次の微分係数は，

$$S_j''(x_j) = 2b_j \tag{3.17}$$

となる．ここで，

$$u_j \equiv S_j''(x_j) \tag{3.18}$$

とおくと，

$$b_j = \frac{u_j}{2} \quad (j = 0, 1, \cdots, N-1) \tag{3.19}$$

となる．また，

$$S_j''(x_{j+1}) = 6a_j(x_{j+1} - x_j) + 2b_j \tag{3.20}$$

となる．ここで，以上を u_{j+1} とおくと，

$$a_j = \frac{u_{j+1} - u_j}{6(x_{j+1} - x_j)} \quad (j = 0, 1, \cdots, N-1) \tag{3.21}$$

を得る．式 (3.12) と（条件 1-1）より，

$$d_j = y_j, \quad (j = 0, 1, \cdots, N-1) \tag{3.22}$$

を得る．また，条件 (1-2) から

$$a_j(x_{j+1} - x_j)^3 + b_j(x_{j+1} - x_j)^2 + c_j(x_{j+1} - x_j) + d_j = y_{j+1}, \quad (j = 0, 1, \cdots, N-1) \tag{3.23}$$

となる．上式と，式 (3.19) と式 (3.21)，および式 (3.22) から，

$$c_j = \frac{y_{j+1} - y_j}{x_{j+1} - x_j} - \frac{1}{6}(x_{j+1} - x_j)(2u_j + u_{j+1}), \quad (j = 0, 1, \cdots, N-1) \tag{3.24}$$

を得る．式 (3.12) と（条件 2-1）より，

$$3a_j(x_{j+1} - x_j)^2 + 2b_j(x_{j+1} - x_j) + c_j = c_{j+1}, \quad (j = 0, 1, \cdots, N-1) \tag{3.25}$$

となる．上式と，各係数式 (3.19)，式 (3.21)，式 (3.22)，および，式 (3.24) から，

$$(x_{j+1} - x_j)u_j + 2(x_{j+2} - x_j)u_{j+1} + (x_{j+2} - x_{j+1})u_{j+2}$$
$$= 6\left(\frac{y_{j+2} - y_{j+1}}{x_{j+2} - x_{j+1}} - \frac{y_{j+1} - y_j}{x_{j+1} - x_j}\right), \quad (j = 0, 1, \cdots, N-2) \tag{3.26}$$

となる．式 (3.26) は，2 階の微分係数に関する変数 u_j に関する，**連立一次方程式** (linear equations) になっている．次は，これを説明する．

式 (3.26) を展開して考える．いま，

$$h_j \equiv x_{j+1} - x_j, \quad (j = 0, 1, \cdots, N-1) \tag{3.27}$$
$$\phi_j \equiv 6\left(\frac{y_{j+1} - y_j}{h_j} - \frac{y_j - y_{j-1}}{h_{j-1}}\right), \quad (j = 1, 2, \cdots, N-1) \tag{3.28}$$

とおく．式 (3.26) の左辺は $h_j u_j + 2(h_j + h_{j+1})u_{j+1} + h_{j+1}u_{j+2}$ と書ける．したがって，$j = 0$ から展開した式をそれぞれ記載すると，

$$\begin{cases} h_0 u_0 + 2(h_0 + h_1)u_1 + h_1 u_2 & = \phi_1 \\ \quad h_1 u_1 \qquad\qquad + 2(h_1 + h_2)u_2 + h_2 u_3 & = \phi_2 \\ \qquad\qquad\qquad\qquad \cdots & \\ \quad h_{N-2}u_{N-2} \qquad + 2(h_{N-2} + h_{N-1})u_{N-2} + h_{N-1}u_N & \\ & = \phi_{N-1} \end{cases}$$

のように書き下せる．

以上は，$N-1$ 次の連立方程式である．しかし解くべき変数 u_j は N 個あるため，このままでは解が一つに定まらない．そのため，以下の条件を加える．

- （条件）**自然スプライン** (natural spline)：$j = 0$，および，$j = N$ の点において滑らかにつなぐ（激しい変化をさせない）理由から，曲線の傾きを 0 に設定する．すなわち，以下の値を設定する．
$$S_0''(x_0) = S_{N-1}''(x_N) = 0$$

以上の条件により，$u_0 = u_N = 0$ となる.

ここで $u^T = (u_1, u_2, \cdots, u_N)$，および $\phi^T = (\phi_1, \phi_2, \cdots, \phi_N)$ おくと，$Au = \phi$ となる. したがって，連立一次方程式に帰着できる.

ここで，行列 A は

$$
A = \begin{pmatrix}
2(h_0 + h_1) & h_1 \\
h_1 & 2(h_1 + h_2) & h_2 \\
& \ddots & \ddots & \ddots \\
& & h_{N-3} & 2(h_{N-3} + h_{N-2}) & h_{N-2} \\
& & & h_{N-2} & 2(h_{N-2} + h_{N-1})
\end{pmatrix}
\tag{3.29}
$$

となる. 式 (3.29) の行列 A は，**三重対角行列** (tridiagonal matrix) という.

この連立一次方程式 $Au = \phi$ を解き，解ベクトル u を求めると，求めたい関数 $S(x)$ が定まるため，スプライン補間ができる.

（例）$N = 12$ の例に，3次スプライン補間を適用した例（図3.7）.

図3.7では，全体として滑らかな関数で補間されていることがわかる.

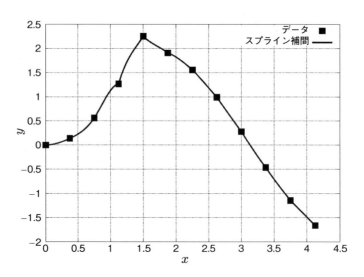

図3.7　12点データの3次スプライン補間の例

3.3.2　スプライン補間のアルゴリズム

アルゴリズム3.2に，3次スプライン補間のアルゴリズムを示す.

アルゴリズム 3.2 3次スプライン補間のアルゴリズム

```
1  // A と b の係数を作る
2  for (j=0; j<N; j++) h_j[j] = x_j[j+1] - x_j[j];
3  for (j=1; j<N; j++)
4    b[j] = 6.0 * ((y_j[j+1]-y_j[j]) / h_j[j] - (y_j[j]-y_j[j-1]) / h_j[j-1]);
5  for (i=0; i<N-1; i++)
6  for (j=0; j<N-1; j++) A[i][j] = 0.0;
7  for (i=0; i<N-1; i++) A[i][i] = 2.0 * (h_j[i] + h_j[i+1]);
8  for (i=0; i<N-2; i++) A[i][i+1] = h_j[i+1];
9  for (i=1; i<N-1; i++) A[i][i-1] = h_j[i];
10 // 連立一次方程式を解く (5章で説明)
11 MyLUsolve(A, &b[1], u, N-1);
12 // 補間の実行: x が 区間 [ x_j[j], x_j[j+1] ] に入っている場合
13 // データ (x_j[j],y_j[j]), (x_j[j+1],y_j[j+1]) を使う
14 区間 [ x_j[j], x_j[j+1] ] 内の適当な x を決める
15 // 係数の計算
16 aj = (u[j+1] - u[j]) / (6*(x_j[j+1] - x_j[j]));
17 bj = u[j] / 2.0;
18 cj = (y_j[j+1] - y_j[j]) / (x_j[j+1] - x_j[j])
19    - (x_j[j+1] - x_j[j]) * (2.0*u[j] + u[j+1]) / 6.0;
20 dj = y_j[j];
21 // 3次元スプラインによる近似
22 y = aj * (x - x_j[j]) * (x - x_j[j]) * (x - x_j[j])
23    + bj * (x - x_j[j]) * (x - x_j[j]) + cj * (x - x_j[j]) + dj;
```

3.3.3 スプライン補間の精度

スプライン補間の精度を示す. いま, $a \leq x \leq b$ とする. 点 (x_j, y_j), $j = 0, 1, \cdots, N$ があるとする. ここで, $a = a_0 < x_1 < \cdots < x_N = b$ とする.

このとき

$$h = \max_{0 \leq j \leq N-1} (x_{j+1} - x_j) \tag{3.30}$$

とする.

すべての点 (x_j, y_j) を通る関数を $f(x)$ とする. このとき, 自然スプライン $S(x)$ と $f(x)$ の誤差は

$$|f(x) - S(x)| \leq \frac{13}{48} \max_{0 \leq \xi \leq N-1} (f^{(2)}(\xi)) \times h^2, \quad (a \leq x \leq b) \tag{3.31}$$

となることが知られている (参考:(高橋, 1996) [11]).

この式より, (1) h を小さくとると誤差が減少する, (2) 誤差は h の2乗で小さくなる, ことがわかる. そのため, スプライン補間の誤差は入力データの値に依存することがわかる.

3.4 最小2乗法

スプライン補間では，データが与えられており，データの間を滑らかにつなぐ関数を求めるものであった．ここでは，データに何らかの関係があることがわかっているとき，もしくは，仮定する関係をあてはめる場合に，もっともらしくあてはめることを考える．

いま，N 回の測定などにより，データ (x_i, y_i)，$i = 1, 2, \cdots, N$ が与えられているとする．このとき，データ x，y には

$$y = ax \tag{3.32}$$

の関係があることがわかっているとする．

ここで，誤差が最小になるように，式 (3.32) の係数 a を決めたい．そのために，誤差を最小にする基準をまず定める．ここでは，その基準を

$$\sum_{i=1}^{N} (y_i - ax_i)^2 \tag{3.33}$$

と定める．

そこで，式 (3.33) を最小にするように a を定めることにする．つまり，$y = ax$ の関係において，$x = x_i$ における値 y_i との差を最小にするようにスカラ a を決める．以上の方法を**最小2乗法** (least-squares method) という．

3.4.1 最小2乗法の導出

式 (3.33) を最小にする a は，a に関する微分を行い 0 となる a を計算すると求まる．すなわち，

$$\frac{d}{da} \sum_{i=1}^{N} (y_i - ax_i)^2 = 2 \left\{ a \sum_{i=1}^{N} x_i^2 - \sum_{i=1}^{N} x_i y_i \right\} = 0$$

であるので，上式から a を求めると

$$a = \sum_{i=1}^{N} x_i y_i \Big/ \sum_{i=1}^{N} x_i^2 \tag{3.34}$$

となる a を計算すると，最適な a が求まる．

3.4.2 線形最小2乗法の導出

次に，前節の最小2乗法を一般化する．いま，N 回の測定などにより，データ (x_i, y_i)，$i = 1, 2, \cdots, N$ が与えられているとする．また，M 個のスカラ値 a_j，$j = 1, 2, \cdots, M$ が与えられるとする．

このとき，データ x，y には

$$y = \sum_{i=1}^{M} a_i f_i(x) \tag{3.35}$$

の関係があるとする．ここで，$f_i(x)$ は互いに 1 次独立な関数で与えられているとする．

いま，最小 2 乗法による誤差の基準は

$$E(a_1, a_2, \cdots, a_M) = \sum_{j=1}^{N} \left(y_i - \sum_{i=1}^{M} a_i f_i(x_j) \right)^2 \tag{3.36}$$

と拡張される．

ここで同様に，式 (3.36) のスカラ $a_1, a_2, \cdots, a_M$ を最小化するためには，各スカラについて偏微分をして 0 にする値を求めればよい．つまり，

$$\frac{\partial E}{\partial a_k} = -2 \sum_{j=1}^{N} \left\{ f_k(x_j) \left(y_i - \sum_{i=1}^{M} a_i f_i(x_j) \right) \right\} = 0$$

から求まる．このことから，最適となる a_i を a_i^* と記載すると，以下の式により求めることができる．

$$\sum_{i=1}^{M} a_i^* \left\{ \sum_{j=1}^{N} f_k(x_j) f_i(x_j) \right\} = \sum_{j=1}^{N} y_j f_k(x_j), \quad (k = 1, 2, \cdots, M) \tag{3.37}$$

いま，

$$A_{k,i} \equiv \sum_{j=1}^{N} f_k(x_j) f_i(x_j), \tag{3.38}$$

$$b_k \equiv \sum_{j=1}^{N} y_j f_k(x_j), \tag{3.39}$$

とおく．そうすると，

$$\sum_{i=1}^{M} A_{k,i} a_i^* = b_k, \quad (k = 1, 2, \cdots, M) \tag{3.40}$$

と記載できる．

式 (3.40) は，求めるスカラ a_i^* について，データ $(x_i, y_i), i = 1, 2, \cdots N$ から導かれる連立一次方程式である．そのため，連立一次方程式の解を求めると，スカラ $\sum_{i=1}^{M} a_i^*$ を求めることができる．以上を，**線形最小 2 乗法** (linear least-square method) という．

（例）線形最小 2 乗法

50 個の点（$N = 50$）が与えられているとする．近似式の係数の個数は，$M = 5$ とする．このとき，以下の式で y を近似できるとする．

$$y = a_1 + a_2 x + a_3 x^2 + a_4 x^3 + a_5 \sin(x) \tag{3.41}$$

このときの係数，a_1 から a_5 を線形最小 2 乗法で求める．

なお，この場合は，$f_1(x) = 1$, $f_2(x) = x$, $f_3(x) = x^2$, $f_4(x) = x^3$, および $f_5(x) = \sin(x)$ となることに注意する．図 3.8 に，この例を示す．与えられたデータに対して，基準となる誤差が最小となるような係数を定め，妥当な関数があてはめられている様子がわかる．

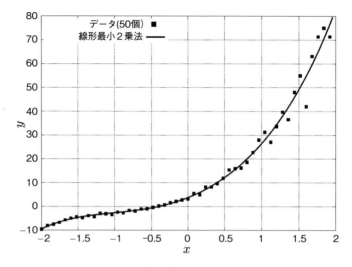

図**3.8**　50点の線形最小2乗法の例

3.4.3　線形最小2乗法のアルゴリズム

　アルゴリズム3.3に，線形最小2乗法のアルゴリズムを示す．

アルゴリズム 3.3 線形最小2乗法のアルゴリズム．想定される関数は例に示した $y = a_1 + a_2x + a_3x^2 + a_4x^3 + a_5\sin(x)$.

```
1  M = 5;
2  // 係数 A, b の設定部分
3  // データは (x_j[j], y_j[j]), j = 0, 1, ..., N−1 に収納済み
4  // 関数 f_0 (x) から f_4(x) を適切に設定する
5  for (i=0; i<M; i++) {
6    for (k=0; k<M; k++) {
7      dtemp = 0.0;
8      for (j=0; j<N; j++) {
9        if (k == 0) fk = f_0(x_j[j]);  if (k == 1) fk = f_1(x_j[j]);
10       if (k == 2) fk = f_2(x_j[j]);  if (k == 3) fk = f_3(x_j[j]);
11       if (k == 4) fk = f_4(x_j[j]);
12       if (i == 0) fi = f_0(x_j[j]);  if (i == 1) fi = f_1(x_j[j]);
13       if (i == 2) fi = f_2(x_j[j]);  if (i == 3) fi = f_3(x_j[j]);
14       if (i == 4) fi = f_4(x_j[j]);
15       dtemp + = fk * fi; }
16     A[k][i] = dtemp;
17   }
18 }
19 for (k=0; k<M; k++) {
20   dtemp = 0.0;
21   for (j=0; j<N; j++) {
22     if (k == 0) fk = f_0(x_j[j]);  if (k == 1) fk = f_1(x_j[j]);
23     if (k == 2) fk = f_2(x_j[j]);  if (k == 3) fk = f_3(x_j[j]);
24     if (k == 4) fk = f_4(x_j[j]);
25     dtemp += fk * y_j[j];
26   }
27   b[k] = dtemp;
28 }
29 // 連立一次方程式を解く (5章で説明)
30 MyLUsolve(A, b, a, M);
31 // x 軸の点 x における近似曲線の計算 (例の場合に限定)
32 y = a[0]*f_0(x) + a[1]*f_1(x) + a[2]*f_2(x) + a[3]*f_3(x) + a[4]*f_4(x);
```

演習課題

問題 3.1（Lagrange 補間）　3.2.2 項にて説明した Lagrange 補間のアルゴリズム（アルゴリズム 3.1）を実装せよ.

問題 3.2（スプライン補間）　3.3.2 項にて説明した 3 次スプライン補間のアルゴリズム（アルゴリズム 3.2）を実装せよ. なお, 3.3.1 項の例（図 3.7）は 0.0 から 4.125 まで昇順に並んだ 12 の x 値（両端点を含む）に対して, 最初の 5 点の y 値は x の 2 乗, 残りの 7 点の y 値は 2.0 * sin(x) としたものである. 配列の確保と値の設定の例をソースコード C3.1 とソースコード F3.1 に示す.

```
/* Cの場合 */
#define N 11
double A[N-1][N-1], b[N], u[N-1], h_j[N];
double x_j[N+2], y_j[N+2];

x_j[0] = 0.0;  x_j[1] = 0.375;  x_j[2]  = 0.75;  x_j[3]  = 1.125;
x_j[4] = 1.5;  x_j[5] = 1.875;  x_j[6]  = 2.25;  x_j[7]  = 2.625;
x_j[8] = 3.0;  x_j[9] = 3.375;  x_j[10] = 3.75;  x_j[11] = 4.125;
for (i=0; i<N+1; i++) {
  if (i < 5) {
    y_j[i] = f_pow2(x_j[i]);  /* f_pow2(x) = x * x */
  } else {
    y_j[i] = f_sin(x_j[i]);   /* f_sin(x) =  2.0 * sin(x) */
  }
}
```

ソースコード **C3.1**　C の場合の値の設定方法

```
! Fortranの場合
integer, parameter            :: N = 11
real(kind=8),dimension(N-1,N-1) :: A
real(kind=8),dimension(N)       :: b, h_j
real(kind=8),dimension(N-1)     :: u
real(kind=8),dimension(N+2)     :: x_j, y_j

x_j(1) = 0.0;  x_j(2)  = 0.375;  x_j(3)  = 0.75;  x_j(4)  = 1.125;
x_j(5) = 1.5;  x_j(6)  = 1.875;  x_j(7)  = 2.25;  x_j(8)  = 2.625;
x_j(9) = 3.0;  x_j(10) = 3.375;  x_j(11) = 3.75;  x_j(12) = 4.125;
do i=1, N+1
   if (i < 6) then
      y_j(i) = f_pow2(x_j(i))  ! f_pow2(x) = x * x
   else
      y_j(i) = f_sin(x_j(i))   ! f_sin(x) = 2.0d0 * dsin(x)
   end if
end do
```

ソースコード **F3.1**　Fortran の場合の値の設定方法

　LU 分解については 5 章にて改めて説明するが，ソースコード C3.2 およびソースコード F3.2 のように実装する．ただし MyLUsolve 関数の引数の順序については，アルゴリズム 3.2 では行列 A，ベクトル b，ベクトル u，問題サイズの順序で与えているが，ソースコード C3.2 およびソースコード F3.2 では，0 章で述べた可変長配列の仕様の都合により，問題サイズ，行列 A，ベクトル b，ベクトル u の順序となっていることに注意が必要である．

```c
void MyLUsolve (int n, double A[n][n], double b[n], double u[n]) {
  double c[n];
  int i, j, k;
  double dtemp;
  /* LU分解 */
  for (k=0; k<n-1; k++) {
    dtemp = 1.0 / A[k][k];
    for (i=k+1; i<n; i++) {
      A[i][k] *= dtemp;
    }
    for (j=k+1; j<n; j++) {
      dtemp = A[j][k];
      for (i=k+1; i<n; i++) {
        A[j][i] -= A[k][i]*dtemp;
      }
    }
  }
  /* 前進代入 */
  for (k=0; k<n; k++) {
    c[k] = b[k];
    for (j=0; j<k; j++) {
      c[k] -= A[k][j]*c[j];
    }
  }
  /* 後退代入 */
  u[n-1] = c[n-1]/A[n-1][n-1];
  for (k=n-2; k>=0; k--) {
    u[k] = c[k];
    for (j=k+1; j<n; j++) {
      u[k] -= A[k][j]*u[j];
    }
    u[k] = u[k] / A[k][k];
  }
}
```

ソースコード **C3.2**　LU 分解の実装例 3_2_lu.c

```fortran
 1  module procedures
 2  contains
 3    subroutine MyLUsolve (n, A, b, u)
 4      implicit none
 5      integer,intent(in)                      :: n
 6      real(kind=8),dimension(:,:),intent(inout) :: A
 7      real(kind=8),dimension(:),intent(in)    :: b
 8      real(kind=8),dimension(:),intent(inout) :: u
 9      real(kind=8),dimension(n)               :: c
10      integer                                 :: i, j, k
11      real(kind=8)                            :: dtemp
12      ! LU分解
13      do k=1, n-1
14         dtemp = 1.0 / A(k,k)
15         do i=k+1, n
16            A(i,k) = A(i,k)*dtemp
17         end do
18         do j=k+1, n
19            dtemp = A(j,k)
20            do i=k+1, n
21               A(j,i) = A(j,i) - A(k,i)*dtemp
22            end do
23         end do
24      end do
25      ! 前進代入
26      do k=1, n
27         c(k) = b(k)
28         do j=1, k-1
29            c(k) = c(k) - A(k,j)*c(j)
30         end do
31      end do
32      ! 後退代入
33      u(n) = c(n)/A(n,n)
34      do k=n-1, 1, -1
35         u(k) = c(k)
36         do j=k+1, n
37            u(k) = u(k) - A(k,j)*u(j)
38         end do
39         u(k) = u(k) / A(k,k)
40      end do
41    end subroutine MyLUsolve
42  end module procedures
```

ソースコード **F3.2**　LU 分解の実装例 3_2_lu.f90

問題 3.3（線形最小 2 乗法）　3.4.3 項にて説明した線形最小 2 乗法のアルゴリズム（アルゴリズム 3.3）を実装せよ．なお，3.4.2 項の例はソースコード C3.3 やソースコード F3.3 のように値を設定したものである．これは式 (3.41) において $a_1 = 3.1$, $a_2 = 4.1$, $c_2 = 5.9$, $a_4 = 2.6$, $a_5 = 5.3$ としたときに，-2.0 から 2.0 までの範囲で乱数による誤差を与えながら 50 点のサンプリングをとったものに対応する．

　C では rand 関数を実行するたびに 0 以上のランダムな整数値が得られるため，それを剰余計算によって適当な範囲に制限してから除算することで 0 以上 1 未満の実数乱数を得ている．Fortran では 0 以上 1 未満の実数乱数を得られる rand 関数をそのまま用いている（実行環境によっては random_number 関数などを用いる必要がある）．生成される関数は乱数を初期化する srand 関数を実行することで変更が可能である．

```
1  #include <stdio.h>
2  #include <stdlib.h>
3  #include <math.h>
4
5  double f (const double x) {
6    return 3.1 + 4.1*x + 5.9*x*x + 2.6*x*x*x + 5.3*sin(x);
7  }
8
9  #define N 50
10 #define M 5
11
12 int main() {
13   double A[M][M], va[M], vb[M], x_j[N], y_j[N], x;
14   int i;
15   x = -2.0;
16   for (i=0; i<N; i++) {
17     x = -2.0 + (4.0 / (double)N) * (double)i;
18     x_j[i] = x;
19     y_j[i] = f(x) + ((double)(rand()%65535)/65535.0) * f(x) * 0.5;
20   }
```

ソースコード **C3.3**　C の場合の値の設定方法

```fortran
 1 module procedures
 2 contains
 3   real(kind=8) function f (x)
 4     real(kind=8),intent(in) :: x
 5     f = 3.1d0 + 4.1d0*x + 5.9d0*x*x + 2.6d0*x*x*x + 5.3d0*dsin(x)
 6   end function f
 7 end module procedures
 8
 9 program main
10   use procedures
11   implicit none
12   integer, parameter          :: N=50
13   integer, parameter          :: M=5
14   real(kind=8),dimension(M,M) :: A
15   real(kind=8),dimension(M)   :: va, vb
16   real(kind=8),dimension(N)   :: x_j, y_j
17   real(kind=8)                :: x;
18   integer                     :: i;
19   x = -2.0d0
20   do i=1, N
21      x = -2.0d0 + (4.0d0 / dble(N)) * dble(i-1)
22      x_j(i) = x
23      y_j(i) = f(x) + rand() * f(x) * 0.5d0
24   end do
```

ソースコード **F3.3**　Fortran の場合の値の設定方法

プログラム解説

問題 3.1（Lagrange 補間）　ソースコード C3.4 およびソースコード F3.4 に実装例を示す．基本的にはアルゴリズム 3.1 の通り実装しているが，配列 x_j を l_j 関数の引数に与えることによりグローバル配列を排除しプログラムの再利用性を高めている．実行結果例の出力された値をプロットすると図 3.9 のグラフが得られる．図 3.4 と同様のグラフが描けていることが確認できる．

```
 1  #include <stdio.h>
 2  #include <math.h>
 3
 4  #define PI 3.14159265
 5
 6  double l_j (const double x, const int j, const int N, const double *x_j) {
 7    int i;
 8    double x_u, x_l;
 9    x_u = 1.0;
10    x_l = 1.0;
11    for (i=0; i<N+1; i++) {
12      if (j != i) {
13        x_u *= x - x_j[i];
14        x_l *= x_j[j] - x_j[i];
15      }
16    }
17    return x_u / x_l;
18  }
19
20  int main() {
21    double x, y, x_j[6], y_j[6];
22    int N, i, j;
23    N = 5;
24    x_j[0] = PI*(1.0/4.0-1.0/3.0);
25    x_j[1] = PI*(1.0/4.0+1.0/7.0);
26    x_j[2] = PI*(1.0/2.0-1.0/8.0);
27    x_j[3] = PI*(1.0/2.0+1.0/6.0);
28    x_j[4] = PI*(4.0/5.0);
29    x_j[5] = PI*(5.0/6.0);
30    for (i=0; i<N+1; i++) {
31      y_j[i] = cos(x_j[i]);
32    }
33    /* 補間計算 */
34    for (i=0; i<100; i++) {
35      x = -0.5 + (PI / 100.00) * (double)i;
36      y = 0.0;
37      for (j=0; j<N+1; j++) {
38        y += y_j[j] * l_j(x, j, N, x_j);
39      }
40      printf("%e %e\n", x, y);
41    }
42    return 0;
43  }
```

ソースコード **C3.4**　Lagrange 補間プログラムの実装例 3_1_lagrange.c

```
1  module procedures
2  contains
3    real(kind=8) function l_j (x, j, N, x_j)
4      implicit none
5      real(kind=8),intent(in)              :: x
6      integer,intent(in)                   :: j, N
7      real(kind=8),dimension(:),intent(in) :: x_j
8      integer                              :: i
9      real(kind=8)                         :: x_u, x_l
10     x_u = 1.0d0
11     x_l = 1.0d0
12     do i=1, N+1
13        if (j /= i) then
14           x_u = x_u * (x - x_j(i))
15           x_l = x_l * (x_j(j) - x_j(i))
16        endif
17     enddo
18     l_j = x_u / x_l
19   end function l_j
20 end module procedures
21
22 program main
23   use procedures
24   implicit none
25   real(kind=8),parameter :: PI = 3.14159265d0
26   real(kind=8)           :: x, y, x_j(6), y_j(6)
27   integer                :: N, i, j
28   N = 5
29   x_j(1) = PI*(1.0d0/4.0d0-1.0d0/3.0d0)
30   x_j(2) = PI*(1.0d0/4.0d0+1.0d0/7.0d0)
31   x_j(3) = PI*(1.0d0/2.0d0-1.0d0/8.0d0)
32   x_j(4) = PI*(1.0d0/2.0d0+1.0d0/6.0d0)
33   x_j(5) = PI*(4.0d0/5.0d0)
34   x_j(6) = PI*(5.0d0/6.0d0)
35   do i=1, N+1
36      y_j(i) = cos(x_j(i))
37   end do
38   ! 補間計算
39   do i=1, 100
40      x = -0.5d0 + (PI / 100.0d0) * dble(i-1)
41      y = 0.0d0
42      do j=1, N+1
43         y = y + y_j(j) * l_j(x, j, N, x_j)
44      end do
45      write(*,fmt='(e14.6,1x,e14.6)') x, y
46   end do
47   stop
48 end program main
```

ソースコード **F3.4**　Lagrange 補間プログラムの実装例 3_1_lagrange.f90

```
C:
$ ./3_1_lagrange_c
-5.000000e-01 8.839496e-01
-4.685841e-01 8.972944e-01
-4.371681e-01 9.099176e-01
-4.057522e-01 9.217911e-01
-3.743363e-01 9.328892e-01
中略
2.484513e+00 -7.917805e-01
2.515929e+00 -8.105745e-01
2.547345e+00 -8.285689e-01
2.578761e+00 -8.457462e-01
2.610177e+00 -8.620900e-01


Fortran:
$ ./3_1_lagrange_f
 -0.500000E+00    0.883950E+00
 -0.468584E+00    0.897294E+00
 -0.437168E+00    0.909918E+00
 -0.405752E+00    0.921791E+00
 -0.374336E+00    0.932889E+00
中略
  0.248451E+01   -0.791781E+00
  0.251593E+01   -0.810575E+00
  0.254734E+01   -0.828569E+00
  0.257876E+01   -0.845746E+00
  0.261018E+01   -0.862090E+00
```

Lagrange 補間プログラムの実行結果例

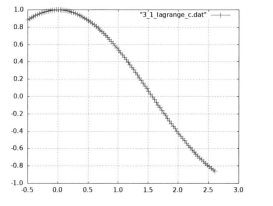
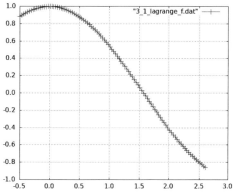

図 **3.9** Lagrange 補間プログラム 実行結果例（グラフ）

問題 3.2 スプライン補間　ソースコード C3.5 およびソースコード F3.5 に実装例を示す．実行結果をプロットすると図3.10のグラフが得られる．図3.7 と同様のグラフが描けていることが確認できる．

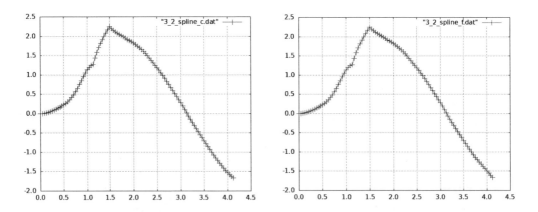

図3.10　3次スプライン補間プログラム 実行結果例（グラフ）

```
1  #include <stdio.h>
2  #include <math.h>
3
4  double f_sin (double x) {
5    return 2.0*sin(x);
6  }
7
8  double f_pow2 (double x) {
9    return x*x;
10 }
11
12 void MyLUsolve (int n, double A[n][n], double b[n], double u[n]) {
13   /* 省略 */
14 }
15
16
17 #define N 11
18
19 int main() {
20   double A[N-1][N-1], b[N], u[N-1], h_j[N];
21   double x_j[N+2], y_j[N+2];
22   double x, y, aj, bj, cj, dj;
23   int i, j;
24   /* サンプルデータ */
25   x_j[0] = 0.0;  x_j[1] = 0.375;  x_j[2] = 0.75;  x_j[3] = 1.125;
26   x_j[4] = 1.5;  x_j[5] = 1.875;  x_j[6] = 2.25;  x_j[7] = 2.625;
27   x_j[8] = 3.0;  x_j[9] = 3.375;  x_j[10] = 3.75;  x_j[11] = 4.125;
28   for (i=0; i<N+1; i++) {
29     if (i < 5) {
30       y_j[i] = f_pow2(x_j[i]);
31     } else {
32       y_j[i] = f_sin(x_j[i]);
33     }
34     printf("%d : %e %e\n", i, x_j[i], y_j[i]);
35   }
```

ソースコード **C3.5**　3次スプライン補間プログラム 3_2_spline.c

```
36    /* Aとbの係数を作る */
37    for (j=0; j<N; j++) h_j[j] = x_j[j+1] - x_j[j];
38    for (j=1; j<N; j++)
39      b[j] = 6.0*((y_j[j+1]-y_j[j])/h_j[j] - (y_j[j]-y_j[j-1])/h_j[j-1]);
40    for (i=0; i<N-1; i++) {
41      for (j=0; j<N-1; j++) A[i][j] = 0.0;
42    }
43    for (i=0; i<N-1; i++) A[i][i] = 2.0*(h_j[i]+h_j[i+1]);
44    for (i=0; i<N-2; i++) A[i][i+1] = h_j[i+1];
45    for (i=1; i<N-1; i++) A[i][i-1] = h_j[i];
46    /* 連立一次方程式を解く */
47    MyLUsolve(N-1, A, &b[1], u);
48    /* 補間の実行 */
49    j = 0;
50    for (i=0; i<100; i++) {
51      x = 0.0 + (4.125 / 99.0) * (double)i;
52      if (x > x_j[j+1]) j++;
53      /* 係数の計算 */
54      aj = (u[j+1]-u[j])/ (6*(x_j[j+1]-x_j[j]));
55      bj = u[j] / 2.0;
56      cj = (y_j[j+1]-y_j[j])/(x_j[j+1]-x_j[j])
57        - (x_j[j+1]-x_j[j])*(2.0*u[j]+u[j+1])/6.0;
58      dj = y_j[j];
59      /* 3次元スプラインによる近似 */
60      y = aj*(x-x_j[j])*(x-x_j[j])*(x-x_j[j])
61        + bj*(x-x_j[j])*(x-x_j[j]) + cj*(x-x_j[j]) + dj;
62      printf("%e %e\n", x, y);
63    }
64    return 0;
65  }
```

ソースコード **C3.5**（続き）　3次スプライン補間プログラム 3_2_spline.c

```
1   module procedures
2   contains
3     real(kind=8) function f_sin (x)
4       implicit none
5       real(kind=8) :: x
6       f_sin = (2.0*sin(x))
7     end function f_sin
8
9     real(kind=8) function f_pow2 (x)
10      implicit none
11      real(kind=8) :: x
12      f_pow2 = (x*x)
13    end function f_pow2
14
15    subroutine MyLUsolve (n, A, b, u)
16      ! 省略
17    end subroutine MyLUsolve
18  end module procedures
19
20
21  program main
22    use procedures
23    implicit none
24    integer, parameter              :: N = 11
25    real(kind=8),dimension(N-1,N-1) :: A
26    real(kind=8),dimension(N)       :: b, h_j
27    real(kind=8),dimension(N-1)     :: u
28    real(kind=8),dimension(N+2)     :: x_j, y_j
29    real(kind=8)                    :: x, y, aj, bj, cj, dj
30    integer                         :: i, j
31    ! サンプルデータ
32    x_j(1) = 0.0;   x_j(2)  = 0.375;  x_j(3)  = 0.75;  x_j(4)  = 1.125;
33    x_j(5) = 1.5;   x_j(6)  = 1.875;  x_j(7)  = 2.25;  x_j(8)  = 2.625;
34    x_j(9) = 3.0;   x_j(10) = 3.375;  x_j(11) = 3.75;  x_j(12) = 4.125;
35    do i=1, N+1
36      if (i < 6) then
37        y_j(i) = f_pow2(x_j(i))
38      else
39        y_j(i) = f_sin(x_j(i))
40      end if
41      write(*,fmt='(i0,a,e14.7,1x,e14.7)') i, " : ", x_j(i), y_j(i)
42    end do
```

ソースコード **F3.5**　3次スプライン補間プログラム 3_2_spline.f90

```
43    ! Aとbの係数を作る
44    do j=1, N; h_j(j) = x_j(j+1) - x_j(j); end do
45    do j=2, N
46       b(j) = 6.0d0*((y_j(j+1)-y_j(j))/h_j(j) - (y_j(j)-y_j(j-1))/h_j(j-1))
47    end do
48    do i=1, N-1; do j=1, N-1; A(i,j) = 0.0; end do; end do
49    do i=1, N-1; A(i,i) = 2.0*(h_j(i)+h_j(i+1)); end do
50    do i=1, N-2; A(i,i+1) = h_j(i+1); end do
51    do i=2, N-1; A(i,i-1) = h_j(i); end do
52    ! 連立一次方程式を解く
53    call MyLUsolve(N-1, A, b(2:N), u)
54    ! 補間の実行
55    j = 1
56    do i=1, 100
57       x = 0.0d0 + (4.125d0 / 99.0d0) * dble(i-1)
58       if (x > x_j(j+1)) j = j + 1
59       ! 係数の計算
60       aj = (u(j+1)-u(j))/ (6*(x_j(j+1)-x_j(j)))
61       bj = u(j) / 2.0d0; dj = y_j(j)
62       cj = (y_j(j+1)-y_j(j))/(x_j(j+1)-x_j(j)) &
63            - (x_j(j+1)-x_j(j))*(2.0d0*u(j)+u(j+1))/6.0d0
64       ! 3次元スプラインによる近似
65       y = aj*(x-x_j(j))*(x-x_j(j))*(x-x_j(j)) &
66         + bj*(x-x_j(j))*(x-x_j(j)) + cj*(x-x_j(j)) + dj
67       write(*,fmt='(e14.7,1x,e14.7)') x,y
68    end do
69    stop
70 end program main
```

ソースコード **F3.5**（続き）　3次スプライン補間プログラム 3_2_spline.f90

問題3.3 （線形最小2乗法）　ソースコード C3.6 およびソースコード F3.6 に実装例を示す.
アルゴリズム 3.3 中では行列を A, ベクトルを a や b とおいていたが, Fortran コード中で大文
字と小文字が区別できないため, プログラム中ではベクトルを va や vb に置き換えている点に
注意されたい. C プログラムでも Fortran プログラムにあわせて置き換えている. 実行結果を
プロットすると図3.11 のグラフが得られ, 図3.8 と同様のグラフが描けていることが確認で
きる.

```
 1  #include <stdio.h>
 2  #include <stdlib.h>
 3  #include <math.h>
 4
 5  double f (const double x) {
 6    return 3.1 + 4.1*x + 5.9*x*x + 2.6*x*x*x + 5.3*sin(x);
 7  }
 8
 9  double f_0 (const double x) { return 1.0; }
10
11  double f_1 (const double x) { return x; }
12
13  double f_2 (const double x) { return x*x; }
14
15  double f_3 (const double x) { return x*x*x; }
16
17  double f_4 (const double x) { return sin(x); }
18
19  /* MyLUsolveはスプライン補間と同じであるため省略 */
20
21  #define N 50
22  #define M 5
23
24  int main() {
25    double A[M][M], va[M], vb[M], x_j[N], y_j[N], x, y, fk, fi, dtemp;
26    int i, j, k;
27    /* サンプルデータ */
28    x = -2.0;
29    for (i=0; i<N; i++) {
30      x = -2.0 + (4.0 / (double)N) * (double)i;
31      x_j[i] = x;
32      y_j[i] = f(x) + ((double)(rand()%65535)/65535.0) * f(x) * 0.5;
33    }
```

ソースコード **C3.6**　線形最小2乗法プログラム 3_3_LinearLeastSquare.c

```
34 │   /* 係数A，bの設定部分 */
35 │   for (i=0; i<M; i++) {
36 │     for (k=0; k<M; k++) {
37 │       dtemp = 0.0;
38 │       for (j=0; j<N; j++) {
39 │         if (k == 0) fk = f_0(x_j[j]);       if (k == 1) fk = f_1(x_j[j]);
40 │         if (k == 2) fk = f_2(x_j[j]);       if (k == 3) fk = f_3(x_j[j]);
41 │         if (k == 4) fk = f_4(x_j[j]);       if (i == 0) fi = f_0(x_j[j]);
42 │         if (i == 1) fi = f_1(x_j[j]);       if (i == 2) fi = f_2(x_j[j]);
43 │         if (i == 3) fi = f_3(x_j[j]);       if (i == 4) fi = f_4(x_j[j]);
44 │         dtemp += fk * fi;
45 │       }
46 │       A[k][i] = dtemp;
47 │     }
48 │   }
49 │   for (k=0; k<M; k++) {
50 │     dtemp = 0.0;
51 │     for (j=0; j<N; j++) {
52 │       if (k == 0) fk = f_0(x_j[j]);       if (k == 1) fk = f_1(x_j[j]);
53 │       if (k == 2) fk = f_2(x_j[j]);       if (k == 3) fk = f_3(x_j[j]);
54 │       if (k == 4) fk = f_4(x_j[j]);       dtemp += fk * y_j[j];
55 │     }
56 │     vb[k] = dtemp;
57 │   }
58 │   for (i=0; i<M; i++) {
59 │     for (j=0; j<M; j++) {
60 │       printf("% f", A[i][j]);
61 │     }
62 │     printf("\n");
63 │   }
64 │   /* 連立一次方程式を解く */
65 │   MyLUsolve(M, A, vb, va);
66 │   /* 結果の出力 */
67 │   j = 0;
68 │   for (i=0; i<100; i++) {
69 │     x = -2.0 + (4.0 / 100.0) * (double)i;
70 │     /* x軸の点xにおける近似曲線の計算 */
71 │     y = va[0]*f_0(x) + va[1]*f_1(x) + va[2]*f_2(x) + va[3]*f_3(x) + va[4]*f_4(x);
72 │     printf("%e %e\n",x, y);
73 │   }
74 │   return 0;
75 │ }
```

ソースコード **C3.6**（続き）　線形最小2乗法プログラム 3_3_LinearLeastSquare.c

```
1  module procedures
2  contains
3    real(kind=8) function f (x)
4      real(kind=8),intent(in) :: x
5      f = 3.1d0 + 4.1d0*x + 5.9d0*x*x + 2.6d0*x*x*x + 5.3d0*dsin(x)
6    end function f
7    real(kind=8) function f_0 (x)
8      real(kind=8),intent(in) :: x
9      f_0 = 1.0d0
10   end function f_0
11   real(kind=8) function f_1 (x)
12     real(kind=8),intent(in) :: x
13     f_1 = x
14   end function f_1
15   real(kind=8) function f_2 (x)
16     real(kind=8),intent(in) :: x
17     f_2 = x*x
18   end function f_2
19   real(kind=8) function f_3 (x)
20     real(kind=8),intent(in) :: x
21     f_3 = x*x*x
22   end function f_3
23   real(kind=8) function f_4 (x)
24     real(kind=8),intent(in) :: x
25     f_4 = dsin(x)
26   end function f_4
27   ! MyLUsolveはスプライン補間と同じであるため省略
28 end module procedures
29
30 program main
31   use procedures
32   implicit none
33   integer, parameter          :: N=50
34   integer, parameter          :: M=5
35   real(kind=8),dimension(M,M) :: A
36   real(kind=8),dimension(M)   :: va, vb
37   real(kind=8),dimension(N)   :: x_j, y_j
38   real(kind=8)                :: x, y, fk, fi, dtemp
39   integer                     :: i, j, k
40   ! サンプルデータ
41   x = -2.0d0
42   do i=1, N
43     x = -2.0d0 + (4.0d0 / dble(N)) * dble(i-1)
44     x_j(i) = x
45     y_j(i) = f(x) + rand() * f(x) * 0.5d0
46   end do
```

ソースコード **F3.6**　線形最小2乗法プログラム 3_3_LinearLeastSquare.f90

```
47    ! 係数A, bの設定部分
48    do i=1, M
49      do k=1, M
50        dtemp = 0.0d0
51        do j=1, N
52          if (k == 1) fk = f_0(x_j(j)); if (k == 2) fk = f_1(x_j(j))
53          if (k == 3) fk = f_2(x_j(j)); if (k == 4) fk = f_3(x_j(j))
54          if (k == 5) fk = f_4(x_j(j)); if (i == 1) fi = f_0(x_j(j))
55          if (i == 2) fi = f_1(x_j(j)); if (i == 3) fi = f_2(x_j(j))
56          if (i == 4) fi = f_3(x_j(j)); if (i == 5) fi = f_4(x_j(j))
57          dtemp = dtemp + fk * fi
58        end do
59        A(k,i) = dtemp
60      end do
61    end do
62    do k=1, M
63      dtemp = 0.0d0
64      do j=1, N
65        if (k == 1) fk = f_0(x_j(j)); if (k == 2) fk = f_1(x_j(j))
66        if (k == 3) fk = f_2(x_j(j)); if (k == 4) fk = f_3(x_j(j))
67        if (k == 5) fk = f_4(x_j(j)); dtemp = dtemp + fk * y_j(j)
68      end do
69      vb(k) = dtemp
70    end do
71    do i=1, M
72      do j=1, M
73        write(*,fmt='(1x,f10.6)',advance='no') A(i,j)
74      end do
75      write(*,*)""
76    end do
77    ! 連立一次方程式を解く
78    call MyLUsolve(M, A, vb, va)
79    ! 結果の出力
80    j = 0
81    do i=1, 100
82      x = -2.0d0 + (4.0d0 / 100.0d0) * dble(i-1)
83      ! x軸の点xにおける近似曲線の計算
84      y = va(1)*f_0(x) + va(2)*f_1(x) + va(3)*f_2(x) + va(4)*f_3(x) + va(5)*f_4(x)
85      write(*,fmt='(e13.6,1x,e13.6)') x, y
86    end do
87    stop
88 end program main
```

ソースコード **F3.6**（続き）　線形最小2乗法プログラム 3_3_LinearLeastSquare.f90

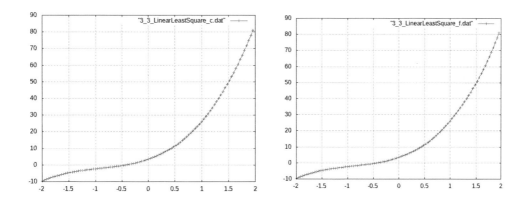

図 **3.11**　線形最小 2 乗法プログラム 実行結果例（グラフ）

第4章

数値積分法

本章では，多くの科学技術計算で必要となる積分について数値的に求める方法を学ぶ．任意の関数の積分値を解析的に求めることは一般的に困難である．しかし数値計算をすることで，比較的簡単に積分値を求めることができる．また，これまで紹介してきた事例と同様に，数学的な考え方を変えると問題の求解時間を大きく改善できることを示す．

4.1 数値積分とは

数値積分とは，数値計算で定積分の値を求める方法である．一般に，関数 $f(x)$ が与えられるとき，積分

$$I = \int f(x)dx \tag{4.1}$$

は解析的に求められることを仮定できない．そのため，数値計算において積分値を計算する．この数値計算により積分値を計算する方法（数値計算アルゴリズム）を，**数値積分法** (numerical integration) とよぶ．

数値積分法はいくつかの方法が知られている．ここでは定積分

$$I = \int_a^b f(x)dx \tag{4.2}$$

の区間 $[a, b]$ の面積，つまり積分値を求める方法を紹介する．

4.2 台形則

4.2.1 台形則の導出

もっとも簡単に式 (4.2) の定積分を求める方法は，区間 $[a, b]$ をいくつかに分け，それぞれの区間の面積を簡単な図形の面積で近似することであろう．ここでは，区切られた区間の面積を台形の面積で近似する方法を考える．これを**台形則** (trapezoidal rule) とよぶ．台形則の例を図 4.1 に示す．

台形則では，区間 $[a, b]$ を N 点に区切る．台形の底辺の幅 h は，$h = (b - a) / N$ となる．このとき，左端から第 j 番目の上底の長さは $f(a + jh)$ となる．また，下底の長さは $f(a + (j + 1)h)$ となる．したがって，区間全体の面積 T は台形の面積の公式より

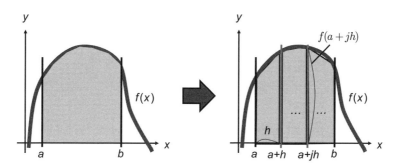

図 4.1　台形則の例

$$T = \sum_{j=0}^{N-1} \frac{h}{2}(f(a+jh) + f(a+(j+1)h))$$

$$= h\left(\frac{f(a)}{2} + f(a+h) + f(a+2h) + \cdots + f(b-h) + \frac{f(b)}{2}\right) \tag{4.3}$$

となる. なお, $f(a+jh) + f(a+(j+1)h)$ の計算により, 1つ前の j の項が加算され, 1/2 の係数は最初と最後の項のみになることに注意する.

式 (4.3) から, 関数 $f(x)$ の値を順次, すなわち, $j = 0, 1, \cdots, N$ と計算すれば数値的に区間 $[a, b]$ の面積である積分値が数値的に求まる.

4.2.2　台形則の誤差

台形則の誤差について, ここでは結果のみ記載する. いま, 分割数を N とする. このとき, 以下の関係がある.

$$台形則の誤差 \propto 1/N^2 \tag{4.4}$$

つまり, 分割数 N を 2 倍にすると誤差は 1/4 となる.

4.2.3　台形則の計算量の削減

台形則では, 各区間での関数 $f(x)$ の値の数値計算のための四則演算の計算量が多いと予想される. つまり関数 $f(x)$ の計算を避けることができれば, 全体の演算量を削減し処理を高速化できる. そこで, 関数 $f(x)$ の計算を避ける工夫を考える.

いま台形則による分割数を $N = 2^n$ とする. このとき 1 つ分割を進めた, つまり $n+1$ である次の分割区間の数は 2^{n+1} となる. この次の分割区間に, 新しい点を設定することを考える.

分割数 $N = 2^n$ のときの面積を T_n とする. このときの h は, $(b-a)/2^n$ である. ここで,

$$T_n = \frac{b-a}{2^n}\left(\frac{f(a)}{2} + f\left(a+1\frac{b-a}{2^n}\right) + f\left(a+2\frac{b-a}{2^n}\right) + \cdots + \frac{f(b)}{2}\right)$$

$$= \frac{b-a}{2^n}\left(\frac{f(a)}{2} + f\left(a+2\frac{b-a}{2^{n+1}}\right) + f\left(a+4\frac{b-a}{2^{n+1}}\right) + \cdots + \frac{f(b)}{2}\right) \tag{4.5}$$

となる．また，分割を1つ進めたときの面積 T_{n+1} は，

$$T_{n+1} = \frac{b-a}{2^{n+1}}\left(\frac{f(a)}{2} + f\left(a+1\frac{b-a}{2^{n+1}}\right) + f\left(a+2\frac{b-a}{2^{n+1}}\right) + \cdots + \frac{f(b)}{2}\right) \quad (4.6)$$

である．式 (4.5) と式 (4.6) の項を見比べると，T_{n+1} は

$$T_{n+1} = \frac{T_n}{2} + \frac{b-a}{2^{n+1}}\left(f\left(a+1\frac{b-a}{2^{n+1}}\right) + f\left(a+3\frac{b-a}{2^{n+1}}\right) + \cdots + f\left(b-\frac{b-a}{2^{n+1}}\right)\right) (4.7)$$

となる．ただし，$T_0 = (b-a)/(f(a)+f(b))/2$ である．

　式 (4.7) より，次の分割する前の積分値 T_n がわかっていると関数 $f(x)$ の計算量を半分にすることができる．そのため，式 (4.7) を用いると高速化できる．

4.2.4　台形則のアルゴリズム

　式 (4.7) による台形則のアルゴリズムをアルゴリズム 4.1 に示す．なお，このアルゴリズムは，p 桁の精度を要求するものである．

アルゴリズム 4.1　台形則のアルゴリズム（計算量削減版）

```
1  EPS = 10e-p;  N = 1;  h = b - a;  T = h * ( f(a) + f(b) )/2.0;
2  while (1) {
3    N = 2 * N;  h = h / 2.0;  s = 0.0;
4    for (i=1; i<=N-1; i+=2) {
5      s = s + f(a + i * h );
6    }
7    T_new = T / 2.0 + h * s;
8    if ( fabs(T_new - T) < EPS * fabs(T_new) ) break;
9    T = T_new;
10 }
11 return T_new;  // 積分値を返す
```

（計算例） 台形則による定積分の計算

　以下の定積分

$$\int_a^b \frac{\log(x)}{x}dx = \left[\frac{1}{2}(\log(x))^2\right]_a^b = \frac{1}{2}(\log(b))^2 - \frac{1}{2}(\log(a))^2 \quad (4.8)$$

を台形則を用いて数値計算する．ここで以下を設定する．

```
1  EPS = 1.0e-6,  a=2,  b=5
```

このとき，実行結果は以下になる．

```
N: 2, T_new: 1.038244e+00, fabs(T_new-T): 3.555254e-02, EPS * fabs(T_new): 1.038244e-06
N: 4, T_new: 1.050352e+00, fabs(T_new-T): 1.210765e-02, EPS * fabs(T_new): 1.050352e-06
N: 8, T_new: 1.053745e+00, fabs(T_new-T): 3.393506e-03, EPS * fabs(T_new): 1.053745e-06
N: 16, T_new: 1.054623e+00, fabs(T_new-T): 8.777966e-04, EPS * fabs(T_new): 1.054623e-06
N: 32, T_new: 1.054845e+00, fabs(T_new-T): 2.214427e-04, EPS * fabs(T_new): 1.054845e-06
N: 64, T_new: 1.054900e+00, fabs(T_new-T): 5.548807e-05, EPS * fabs(T_new): 1.054900e-06
N: 128, T_new: 1.054914e+00, fabs(T_new-T): 1.388002e-05, EPS * fabs(T_new): 1.054914e-06
N: 256, T_new: 1.054918e+00, fabs(T_new-T): 3.470507e-06, EPS * fabs(T_new): 1.054918e-06
T_new: 1.054918e+00, T_ans:1.054919e+00, Diff:-2.892222e-07
```

以上では，`T_new` は台形則による数値計算の結果，`T_ans` は解析解の結果，および `Diff` は `T_new-T_ans` を意味している．`Diff` から，この例では解析解に対して絶対誤差で`-2.892222e-07` の精度で数値計算ができているといえる．

4.3 Simpson 則

前節の台形則では，誤差は N^2 のオーダーで減少した．本節で紹介する Simpson (シンプソン) 則 (Simpson's rule) は，N^4 のオーダーで誤差が削減できる方法である．そのため，台形則より高速化が期待できる．

台形則では，近似として 1 次関数で区間の面積を近似しているとみなせる．これは，別の言葉でいうなら，「1 次の Lagrange 補間多項式で近似」しているといえる．そこでこの考えを進めると，より高次元の Lagrange 補間多項式で近似すると精度が高まると期待できる．

そこで Simpson 則では，「2 次の Lagrange 補間多項式で近似」して積分値の精度を高める．すなわち，誤差の削減の加速を狙う．

4.3.1 Simpson 則の導出

いま台形則と同様に，区間 $[a, b]$ を N 点に区切る．ここで各点の間隔は，$h = (b - a) / N$ である．また，各点を $x_i = a + j h$, $(j = 0, 1, \cdots, N)$ とする．

この各区間に，2 次の Lagrange 補間多項式 $p_2(x)$ をあてはめる．ただし，$p_2(x_j) = f(x_j)$, $p_2(x_{j+1}) = f(x_{j+1})$, および，$p_2(x_{j+2}) = f(x_{j+2})$ とする．

以上から，2 次多項式 $p_2(x)$ では 3 点 $y_0 = f(x_j)$, $y_1 = f(x_{j+1})$, および $y_2 = f(x_{j+2})$ と式 (3.9) を利用すると，

$$p_2(x) = \frac{(x - x_{j+1})(x - x_{j+2})}{(x_j - x_{j+1})(x_j - x_{j+2})} f(x_j) + \frac{(x - x_j)(x - x_{j+2})}{(x_{j+1} - x_j)(x_{j+1} - x_{j+2})} f(x_{j+1})$$
$$+ \frac{(x - x_j)(x - x_{j+1})}{(x_{j+2} - x_j)(x_{j+2} - x_{j+1})} f(x_{j+2}) \tag{4.9}$$

となる.

ここで, 区間 $[x_j, x_{j+2}]$ における積分値を

$$\int_{x_j}^{x_{j+2}} p_2(x)dx \tag{4.10}$$

で近似する. 積分置換関数を $x = g(t)$ とすると,

$$g(t) = x_j + th \tag{4.11}$$

とおく. また, 各点は $x_j = a + jh$ である. $dx/dt = h$ および $t = 0$ のとき x_j, $t = 2$ のとき x_{j+2} であることを考慮すると, 式 (4.10) は式 (4.9) へ x_j, x_{j+1}, および x_{j+2} の代入により, 分母と分子の項が簡単になるため

$$\int_0^2 p_2(x_j + th)h \, dt = h \int_0^2 \left(\frac{1}{2}(t-1)(t-2)f(x_j) - t(t-2)f(x_{j+1}) + \frac{1}{2}t(t-1)f(x_{j+2}) \right) dt$$

$$= \frac{h}{3}(f(x_j) + 4f(x_{j+1}) + f(x_{j+2})) \tag{4.12}$$

となる. 式 (4.12) から 2 次の Lagrange 補完多項式を用いて積分値を求めているので, 偶数点ごとに区間を区切らないといけない. そのため, N は偶数でないとアルゴリズム上機能しない点に注意する.

式 (4.12) より, 各区間の合計が Simpson 則での積分値となる. いま, 積分値を S とすると

$$S = \frac{h}{3}(f(x_0) + 4f(x_1) + f(x_2)) + \frac{h}{3}(f(x_2) + 4f(x_3) + f(x_4)) + \cdots$$

$$+ \frac{h}{3}(f(x_{N-2}) + 4f(x_{N-1}) + f(x_N)) \tag{4.13}$$

となる. 式 (4.13) のように積分値を求める方法が, Simpson 則である.

4.3.2 Simpson 則の誤差

分割数を N とすると, Simpson 則の計算誤差に関して, 以下の関係があることが知られている (参考:(高橋, 1996) [11]).

$$\left| \int_a^b f(x)dx - S \right| \leq \frac{(b-a)^5}{180N^4} \max_{a < \xi < b} |f^{(4)}(\xi)| \tag{4.14}$$

ここで, $f^{(4)}(\xi)$ は 4 階導関数である.

式 (4.14) から, N^4 の項が逆数で入っているため, N の分割が進むにつれて N の 4 乗のオーダーで誤差がなくなっていく.

4.3.3 Simpson 則と台形則の関係

いま, $N = 2^n$ の分割がされているとする. このとき結論から記載すると

$$S_{n+1} = \frac{4}{3}T_{n+1} - \frac{1}{3}T_n \tag{4.15}$$

の関係がある．ただし，S_{n+1} は，$N = 2^n$ のときの Simpson 則による積分値，および T_n は $N = 2^n$ の台形則による積分値である．

式 (4.15) を利用すると，台形則による積分値があると Simpson 則による積分値を求めることができる．

4.3.4 Simpson 則のアルゴリズム

式 (4.15) を利用した Simpson 則のアルゴリズムをアルゴリズム 4.2 に示す．なお，このアルゴリズムでは p 桁の精度を要求している．

アルゴリズム 4.2　Simpson 則のアルゴリズム

```
1  EPS = 10e-p;  N = 2;  h = (b - a) / 2;
2  T = h * ( f(a) + 2.0 * f( (a + b) / 2 ) + f(b) ) / 2;
3  S = h * ( f(a) + 4.0 * f( (a + b) / 2 ) + f(b) ) / 3;
4  while (1) {
5    N = 2 * N;  h = h / 2;  s = 0;
6    for (i=1; i<=N-1; i+=2) {
7      s = s + f(a + i * h);
8    }
9    T_new = T / 2 + h * s;
10   S_new = (4.0 * T_new - T) / 3.0;   // 台形則とSimpson則の関係
11   if (fabs(S_new - S ) < EPS * fabs(S_new)) break;
12   T = T_new;
13   S = S_new;
14 }
15 return S_new;  // 積分値を返す.
```

（計算例）Simpson 則による定積分の計算

以下の定積分

$$\int_a^b \frac{\log(x)}{x} dx = \left[\frac{1}{2}(\log(x))^2 \right]_a^b = \frac{1}{2}(\log(b))^2 - \frac{1}{2}(\log(a))^2 \tag{4.16}$$

を Simpson 則を用いて数値計算する．

ここで以下を設定する．

```
1  EPS = 1e-6,  a=2,  b=5
```

このとき，実行結果は以下になる．

```
N: 4, S: 1.050095e+00,fabs(S_new-S): 4.292694e-03, EPS * fabs(S_new)): 1.054388e-06

N: 8, S: 1.054388e+00,fabs(S_new-S): 4.887900e-04, EPS * fabs(S_new)): 1.054877e-06

N: 16, S: 1.054877e+00,fabs(S_new-S): 3.922677e-05, EPS * fabs(S_new)): 1.054916e-06

N: 32, S: 1.054916e+00,fabs(S_new-S): 2.658049e-06, EPS * fabs(S_new)): 1.054919e-06

S_new: 1.054919e+00, S_ans:1.054919e+00, Diff:-1.812493e-07
```

以上では，`S_new` は Simpson 則による数値計算の結果，`S_ans` は解析解の結果，および `Diff` は `S_new-S_ans` である．`Diff` から，この例の場合は解析解に対して絶対誤差で`-1.812493e-07` で計算できているといえる．

同じ問題と条件での実行が，台形則では $N = 256$ 回で収束したものが，Simpson 則では $N = 32$ 回と収束が加速されて8分の1の分割数で収束した．この結果は，台形則が N^2 のオーダーで誤差が削減するのに対し，Simpson 則では N^4 で誤差が削減することを考慮すれば妥当な結果といえる．

4.4　Romberg 積分法

前節の Simpson 則では，台形則の計算結果との関連性があった．ここでは，その関連性を一般化することで，より高精度なアルゴリズムを導出する．

Romberg (ロンバーク) 積分法 (Romberg integration) では，台形則と Simpson 則の関係のように片方の積分値から，より精度の高い積分値を計算で求める．

4.4.1　Romberg 積分法の導出

いま，$N = 2^n$，$(n = 0, 1, 2, \cdots)$ の分割のとき，各 n に対して台形則で求めた積分値を $T_n^{(0)}$ とする．このとき

$$T_n^{(k)} = \frac{4^k T_n^{(k-1)} - T_{n-1}^{(k-1)}}{4^k - 1} \tag{4.17}$$

となる．ここで，$k = 1, 2, \cdots$ で，$n \geq k$ である．式 (4.17) を用いて積分値を求める方法が，Romberg 積分法である．式 (4.17) は，Simpson 則と台形則との関連を含んでいる．$k = 1$ として，式 (4.17) を記載すると

$$T_n^{(1)} = \frac{4T_n^{(0)} - T_{n-1}^{(0)}}{3} \tag{4.18}$$

となるので，式 (4.15) が導出される．そのため，一般化された式といえる．

式 (4.17) では，$k = 0$ の時の値を $k = 1$ で利用して計算する．つまり，計算の仕方に依存性があるので注意する．この計算の流れを図 4.2 に示す．

4.4.2　Romberg 積分法のアルゴリズム

式 (4.17) を利用した Romberg 積分法のアルゴリズムをアルゴリズム 4.3 に示す．なお，このアルゴリズムでは $N = 32$ に固定している点に注意する．

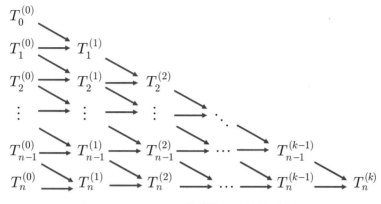

図 4.2　Romberg 積分法での計算の流れ

（**計算例**）Romberg 積分法による定積分の計算

以下の定積分

$$\int_a^b \frac{\log(x)}{x} dx = \left[\frac{1}{2} (\log(x))^2 \right]_a^b = \frac{1}{2} (\log(b))^2 - \frac{1}{2} (\log(a))^2 \tag{4.19}$$

を，Romberg 積分法を用いて数値計算する.

ここで以下を設定する.

```
1  N=32,   a=2,   b=5
```

このとき，実行結果は以下になる.

```
T[0][0]: 1.002692e+00 T[1][0]: 1.038244e+00 T[2][0]: 1.050352e+00 T[3][0]: 1.053745e+00
    T[4][0]: 1.054623e+00 T[5][0]: 1.054845e+00
T[1][1] : 1.050095e+00 T[2][1] : 1.054388e+00 T[3][1] : 1.054877e+00 T[4][1] : 1.054916e+00
    T[5][1] : 1.054919e+00
T[2][2] : 1.054674e+00 T[3][2] : 1.054909e+00 T[4][2] : 1.054918e+00 T[5][2] : 1.054919e+00
T[3][3] : 1.054913e+00 T[4][3] : 1.054919e+00 T[5][3] : 1.054919e+00
T[4][4] : 1.054919e+00 T[5][4] : 1.054919e+00
T[5][5] : 1.054919e+00
N=32/T: 1.054919e+00, T_ans:1.054919e+00, Diff:-1.975065e-10
```

以上では，`T` は Romberg 積分法による数値計算の結果，`T_ans` は解析解の結果，および `Diff` は `T-T_ans` である．`Diff` から，この例の場合は解析解に対して絶対誤差で `-1.975065e-10` で計算できているといえる．この誤差は，Simpson 則での計算結果より小さい.

アルゴリズム 4.3　Romberg積分法のアルゴリズム

```
1  N = 1;  n = 0;  h = b-a;  T[0][0] = h * (f(a) + f(b)) / 2.0;
2  while (1) {  // 台形則で計算
3    N = 2 * N;  h = h / 2.0;  s = 0.0;
4    for (i=1; i<=N-1; i+=2) {
5      s = s + f(a + i * h);
6    }
7    T[n+1][0] = T[n][0] / 2.0 + h * s;
8    if (N == 32) break;
9    n++;
10 }
11 for (k=1; k<=5; k++) {  // Romberg積分法
12   for (n=k; n<=5; n++) {
13     T[n][k] = (pow(4.0, (double) k) * T[n][k-1] - T[n-1][k-1])
14            / (pow(4.0, (double) k) - 1.0);
15 } }
16 return T[5][5];  // 積分値を返す.
```

演習課題

問題 4.1（台形則）　4.2.4 項にて説明した台形則のアルゴリズム（アルゴリズム 4.1）を実装せよ．4.2.4 項における計算例と同様に $f = \frac{\log(x)}{x}$, EPS = 1.0e-6, $a = 2$, $b = 5$, $p = 6$ としたときに同様の実行結果が得られることを確認せよ．

問題 4.2（Simpson 則）　4.3.4 項にて説明した Simpson 則のアルゴリズム（アルゴリズム 4.2）を実装せよ．4.3.4 項における計算例と同様に $f = \frac{\log(x)}{x}$, EPS = 1.0e-6, $a = 2$, $b = 5$, $p = 6$ としたときに同様の実行結果が得られることを確認せよ．

問題 4.3（Romberg 積分法）　4.4.2 項にて説明した Romberg 積分法のアルゴリズム（アルゴリズム 4.3）を実装せよ．4.4.2 項における計算例と同様に $f = \frac{\log(x)}{x}$, $N = 32$, $a = 2$, $b = 5$ としたときに同様の実行結果が得られることを確認せよ．

問題 4.4（計算方法の比較）　ベータ関数の積分公式

$$\int_0^1 x^m (1-x)^n dx = \frac{m!n!}{(m+n+1)!}$$

を台形則，Simpson 則，Romberg 積分法それぞれで計算してみよ．また，それぞれの解について解析解との誤差を評価せよ．

ヒント：$f = x^m(1-x)^n$, $a = 0$, $b = 1$ として，m と n には任意の値を設定し，各手法による実行結果を $\frac{m!n!}{(m+n+1)!}$ と比較してみるとよい．

プログラム解説

問題 4.1 （台形則）　ソースコード C4.1 およびソースコード F4.1 に実装例を示す．アルゴ
リズム 4.1 に完全なアルゴリズムが示されているため，その通りに実装すればよい．実行結果
例は 4.2.4 項で紹介したとおりであるため省略する．

```c
1  #include <stdio.h>
2  #include <math.h>
3
4  double f (const double x) {
5    return log(x)/x;
6  }
7
8  int main() {
9    double a, b, h, s, T, T_new, T_ans, EPS;
10   int N, i;
11   a = 2.0;
12   b = 5.0;
13   EPS = 1.0e-6;
14   N = 1;
15   h = b - a;
16   T = h * ( f(a) + f(b) ) / 2.0;
17   while (1) {
18     N = 2 * N;
19     h = h / 2.0;
20     s = 0.0;
21     for (i=1; i<=N-1; i+=2) {
22       s += f( a + (double)i * h );
23     }
24     T_new = T / 2.0 + h * s;
25     if (fabs(T_new-T) < EPS*fabs(T_new)) break;
26     printf("N: %d, T_new: %e, abs(T_new-T): %e, EPS*abs(T_new): %e\n",
27            N, T_new, fabs(T_new-T),EPS * fabs(T_new));
28     T = T_new;
29   }
30   T_ans = 1.0/2.0*(log(b)*log(b)-log(a)*log(a));
31   printf("T_new: %e, T_ans:%e, Diff:%e\n", T_new, T_ans, T_new-T_ans);
32   return 0;
33 }
```

ソースコード **C4.1**　台形則プログラム 4_1_trapezoid.c

```
 1  module procedures
 2  contains
 3    real(kind=8) function f (x)
 4      implicit none
 5      real(kind=8),intent(in) :: x
 6      f = log(x)/x
 7    end function f
 8  end module procedures
 9
10  program main
11    use procedures
12    implicit none
13    real(kind=8) :: a, b, h, s, T, T_new, T_ans, EPS
14    integer      :: N, i
15    a = 2.0d0
16    b = 5.0d0
17    EPS = 1.0d-6
18    N = 1
19    h = b - a
20    T = h * ( f(a) + f(b) ) / 2.0d0
21    do while (.true.)
22       N = 2 * N
23       h = h / 2.0d0
24       s = 0.0d0
25       do i=1, N-1, 2
26          s = s + f( a + dble(i) * h )
27       end do
28       T_new = T / 2.0d0 + h * s
29       if (dabs(T_new-T) < EPS*dabs(T_new)) exit
30       write(*,fmt='(a,i0,a,e14.7,a,e14.7,a,e14.7)') &
31            "N: ", N, ", T_new:", T_new, ", abs(T_new-T):", dabs(T_new-T), &
32            ", EPS*abs(T_new):", EPS * dabs(T_new)
33       T = T_new
34    end do
35    T_ans = 1.0d0/2.0d0*(log(b)*log(b)-log(a)*log(a))
36    write(*,fmt='(a,e14.7,a,e14.7,a,e14.7)') &
37         "T_new:", T_new, ", T_ans:", T_ans, ", Diff:", T_new-T_ans
38    stop
39  end program main
```

ソースコード **F4.1** 台形則プログラム 4_1_trapezoid.f90

問題 4.2（Simpson 則）　ソースコード C4.2 およびソースコード F4.2 に実装例を示す．アルゴリズム 4.2 に完全なアルゴリズムが示されているため，その通りに実装すればよい．なおアルゴリズム 4.2 では大文字変数 S と小文字変数 s が用いられているが，Fortran は関数名や変数名の大文字と小文字を区別しないため大文字変数 S と小文字変数 s を共存させることができない．そのため，ソースコード上では小文字変数 s を ss に置き換えている点に注意されたい．C では大文字と個別が明確に区別されるため共存させることが可能であるが，Fortran 版にあわせて小文字変数 s を ss に置き換えた．実行結果例は 4.3.4 項で紹介したとおりであるため省略する．

```c
#include <stdio.h>
#include <math.h>

double f (const double x) {
  return log(x)/x;
}

int main() {
  double a, b, h, ss, EPS;
  double T, T_new, S, S_new, S_ans;
  int N, i;
  a = 2.0;
  b = 5.0;
  EPS = 1.0e-6;
  N = 2;
  h = (b-a)/2.0;
  T = h * ( f(a) + 2.0 * f( (a+b)/2.0 ) + f(b) ) / 2.0;
  S = h * ( f(a) + 4.0 * f( (a+b)/2.0 ) + f(b) ) / 3.0;
  while (1) {
    N = 2 * N;
    h = h / 2.0;
    ss = 0.0;
    for (i=1; i<=N-1; i+=2) {
      ss += f( a + (double)i * h );
    }
    T_new = T / 2.0 + h * ss;
    S_new = (4.0 * T_new - T ) / 3.0;
    if (fabs(S_new-S) < EPS * fabs(S_new)) break;
    printf("N: %d, S: %e, abs(S_new-S): %e, EPS*abs(S_new): %e\n",
           N, S, fabs(S_new-S), EPS*fabs(S_new));
    T = T_new;
    S = S_new;
  }
  S_ans = 1.0/2.0*(log(b)*log(b)-log(a)*log(a));
  printf("S_new: %e, S_ans: %e, Diff: %e\n", S, S_ans, S-S_ans);
  return 0;
}
```

ソースコード **C4.2**　Simpson 則プログラム 4_2_simpson.c

```
1  module procedures
2  contains
3    real(kind=8) function f (x)
4      implicit none
5      real(kind=8),intent(in) :: x
6      f = log(x)/x
7    end function f
8  end module procedures
9
10 program main
11   use procedures
12   implicit none
13   real(kind=8) :: a, b, h, ss, EPS
14   real(kind=8) :: T, T_new, S, S_new, S_ans
15   integer      :: N, i
16   a = 2.0d0
17   b = 5.0d0
18   EPS = 1.0d-6
19   N = 2
20   h = (b-a)/2.0d0
21   T = h * ( f(a) + 2.0d0 * f( (a+b)/2.0d0 ) + f(b) ) / 2.0d0
22   S = h * ( f(a) + 4.0d0 * f( (a+b)/2.0d0 ) + f(b) ) / 3.0d0
23   do while (.true.)
24     N = 2 * N
25     h = h / 2.0d0
26     ss = 0.0d0
27     do i=1, N-1, 2
28       ss = ss + f( a + dble(i) * h )
29     end do
30     T_new = T / 2.0d0 + h * ss
31     S_new = (4.0d0 * T_new - T ) / 3.0d0
32     if (dabs(S_new-S) < EPS * dabs(S_new)) exit
33     write(*,fmt='(a,i0,3(a,e14.7))') "N: ", N, ", S:", S, &
34         ", abs(S_new-S):", dabs(S_new-S), ", EPS*abs(S_new):", EPS*dabs(S_new)
35     T = T_new
36     S = S_new
37   end do
38   S_ans = 1.0d0/2.0d0*(log(b)*log(b)-log(a)*log(a))
39   write(*,fmt='(3(a,e14.7))') &
40       "S_new:", S, ", S_ans:", S_ans, ", Diff:", S-S_ans
41   stop
42 end program main
```

ソースコード **F4.2**　Simpson 則プログラム 4_2_simpson.f90

問題 4.3（Romberg 積分法） プログラム例をソースコード C4.3 およびソースコード F4.3 に示す．アルゴリズム 4.3 に完全なアルゴリズムが示されているため，その通りに実装すればよい．Fortran では配列が 0 からではなく 1 から始めるのが普通であるため，ループカウンタを配列インデックスに使用する際に C との違いに注意する必要がある．実行結果例は 4.4.2 項で紹介したとおりであるため省略する．

```c
#include <stdio.h>
#include <math.h>

double f (const double x) {
  return log(x)/x;
}

int main() {
  double a, b, h, s, T_ans;
  double T[6][6];
  int m, N, i, k;
  a = 2.0;  b = 5.0;  N = 1;  m = 0;
  h = b-a;
  T[0][0] = h * ( f(a) + f(b) ) / 2.0;
  printf("T[0][0]: %e\n" ,T[0][0]);
  /* 台形則で計算 */
  while (1) {
    N = 2 * N;
    h = h / 2.0;
    s = 0.0;
    for (i=1; i<=N-1; i+=2) {
      s += f( a + (double)i * h );
    }
    T[m+1][0] = T[m][0] / 2.0 + h * s;
    printf("T[%d][0]: %e\n", m+1, T[m+1][0]);
    if (N == 32) break;
    m++;
  }
  /* Romberg積分法で計算 */
  for (k=1; k<=5; k++) {
    for (m=k; m<=5; m++) {
      T[m][k] = (pow(4.0,(double)k) * T[m][k-1] - T[m-1][k-1])
              / (pow(4.0,(double)k) - 1.0);
      printf("T[%i][%i]: %e\n", m, k, T[m][k]);
    }
  }
  T_ans = 1.0/2.0*(log(b)*log(b)-log(a)*log(a));
  printf("N=32/T: %e, T_ans: %e, Diff: %e\n", T[5][5], T_ans, T[5][5]-T_ans);
  return 0;
}
```

ソースコード C4.3 Romberg 積分法プログラム 4_3_romberg.c

```fortran
module procedures
contains
  real(kind=8) function f (x)
    implicit none
    real(kind=8),intent(in) :: x
    f = log(x)/x
  end function f
end module procedures

program main
  use procedures
  implicit none
  real(kind=8)                 :: a, b, h, s, T_ans
  real(kind=8),dimension(6,6) :: T
  integer                      :: m, N, i, k
  a = 2.0d0;  b = 5.0d0;  N = 1;  m = 1
  h = b-a
  T(1,1) = h * ( f(a) + f(b) ) / 2.0d0
  write(*,fmt='(a,e14.7)') "T(1,1):", T(1,1)
  ! 台形則で計算
  do while(.true.)
    N = 2 * N
    h = h / 2.0d0
    s = 0.0d0
    do i=1, N-1, 2
       s = s + f( a + dble(i) * h )
    end do
    T(m+1,1) = T(m,1) / 2.0d0 + h * s
    write(*,fmt='(a,i0,a,e14.7)') "T(",m+1,",1):", T(m+1,1)
    if (N == 32) exit
    m = m + 1
  end do
  ! Romberg積分法で計算
  do k=2, 6
    do m=k, 6
       T(m,k) = (4.0d0**dble(k-1) * T(m,k-1) - T(m-1,k-1)) &
               / (4.0d0**dble(k-1) - 1.0d0)
       write(*,fmt='(a,i0,a,i0,a,e14.7)') "T(",m,",",k,"):", T(m,k)
    end do
  end do
  T_ans = 1.0d0/2.0d0*(log(b)*log(b)-log(a)*log(a))
  write(*,fmt='(3(a,e14.7))') &
      "N=32/T:", T(6,6), ", T_ans:", T_ans, ", Diff:", T(6,6)-T_ans
  stop
end program main
```

ソースコード **F4.3** Romberg積分法プログラム 4_3_romberg.f90

問題 4.4（計算方法の比較）　これまでに実装してきた各ソースコードを，計算式にあわせて一部修正すればよい．具体的な回答例は Web で配布するソースコード例にて紹介する．

第5章

連立一次方程式の直接解法

これまで紹介した数値計算アルゴリズムにおいて，連立一次方程式の求解が必要な処理があることを説明した．本章では，数値計算において代表的な連立一次方程式の解法を学ぶ．なお連立一次方程式の数値計算アルゴリズムでは，解くべき行列の要素に0が多い場合は，次章で紹介する反復解法が実行時間的によいことが知られている．また本章で紹介する零要素がほとんどない行列の解法においても，考え方により計算時間を削減できることを示す．さらに「より深く学ぶために」として計算機でのプログラムの実行を考慮した際，同じ数値計算アルゴリズムでも実行速度が異なる場合があることを説明し，効果的な実装方法について簡単に紹介する．

5.1　連立一次方程式の行列表記

連立一次方程式 (linear equations) は

$$Ax = b \tag{5.1}$$

で表される．ここで，行列 $A \in \mathbb{R}^{n \times n}$ とする．また，ベクトル $x \in \mathbb{R}^n$，およびベクトル $b \in \mathbb{R}^n$ とする．この行列 A とベクトル b は事前に与えられるものである．しかしベクトル x は未知であり，求める解であるため解ベクトルとよばれる．連立一次方程式を解くとは，解ベクトル x を求めることである．

解ベクトル x を求める方法としては，以下の2種類が知られている．

- **直接解法** (direct method)：行列操作により厳密解を求める方法．
- **反復解法** (iterative method)：反復計算で解に収束させ近似解を求める方法．

本章では連立一次方程式の直接解法について説明する．なお反復解法は次章で扱う．

5.2　Gauss-Jordan 法

5.2.1　Gauss-Jordan 法の導出

Gauss-Jordan (ガウス・ジョルダン) 法 (Gauss-Jordan method) とは，連立一次方程式の基本的な消去法で解ベクトル x を求める方法である．

元の方程式は,

$$
\begin{cases}
a_{11}x_1 & + & a_{12}x_2 & + & \cdots & + & a_{1n}x_n & = & b_1 \\
a_{21}x_1 & + & a_{22}x_2 & + & \cdots & + & a_{2n}x_n & = & b_2 \\
& & & & \vdots & & & & \\
a_{n1}x_1 & + & a_{n2}x_n & + & \cdots & + & a_{nn}x_n & = & b_n
\end{cases}
\tag{5.2}
$$

である.

第1ステップでは, 第1行を基本行として, 係数 $a_{21}, \cdots, a_{n1}$ を消去する. たとえば, 第2行の消去には, 第1行に $-a_{21}/a_{11}$ を乗じて, 第2行から第1行を加算する作業をすると, 以下になる.

$$
\begin{cases}
a_{11}x_1 & + & a_{12}x_2 & + & \cdots & + & a_{1n}x_n & = & b_1 \\
& & a_{22}^{(1)}x_2 & + & \cdots & + & a_{2n}^{(1)}x_n & = & b_2^{(1)} \\
& & & & \vdots & & & & \\
& & a_{n2}^{(1)}x_n & + & \cdots & + & a_{nn}^{(1)}x_n & = & b_n^{(1)}
\end{cases}
\tag{5.3}
$$

ここで $a_{22}^{(1)}$ の表記は, もとの値 a_{22} から上記の手順で1回の更新をした値とする.

次に第2ステップでは, 第2行を基本行として, 係数 $a_{12}, a_{32}^{(1)} \cdots, a_{n2}^{(1)}$ を消去する. たとえば, 第1行の消去には, 第2行に $-a_{12}/a_{22}$ を乗じて, 第1行に第2行を加算する作業をすると, 以下になる.

$$
\begin{cases}
a_{11}x_1 & & & + & \cdots & + & a_{1n}^{(2)}x_n & = & b_1^{(2)} \\
& & a_{22}^{(1)}x_2 & + & \cdots & + & a_{2n}^{(1)}x_n & = & b_2^{(1)} \\
& & & & \vdots & & & & \\
& & & & \cdots & + & a_{nn}^{(2)}x_n & = & b_n^{(2)}
\end{cases}
\tag{5.4}
$$

以上を n ステップまで, 同様の操作を続けると以下になる.

$$
\begin{cases}
a_{11}x_1 & & & & = & b_1^{(n)} \\
& a_{22}^{(1)}x_2 & & & = & b_2^{(n)} \\
& & \ddots & & \\
& & & a_{nn}^{(n)}x_n & = & b_n^{(n)}
\end{cases}
\tag{5.5}
$$

式 (5.5) は, 割り算だけで解ベクトル x の要素 $x_1, x_2, \cdots, x_n$ が求まることがわかる. これが, Gauss-Jordan 法である.

また, 右辺ベクトル b の代わりに単位行列 I を用意し, 同様の操作を繰り返すと, 最終ステップで A の逆行列が求まる. この方法で A の逆行列が求まるが, 一般的に明示的に逆行列を計算して利用すると, 丸め誤差などの数値計算上での誤差が生じやすく, 著しく精度が劣化することが多い. そのため, 逆行列を直接計算する方法は避けるべきである.

5.2.2　Gauss-Jordan法のアルゴリズム

Gauss-Jordan 法のアルゴリズムをアルゴリズム 5.1 に示す.

アルゴリズム 5.1   Gauss-Jordan 法のアルゴリズム

```
1  // Gauss-Jordan消去
2  for (k=0; k<n; k++) {
3    dtemp = 1.0 / A[k][k];
4    for (i=0; i<n; i++) {
5      if (i != k) {
6        A[i][k] = A[i][k]*dtemp;
7    } }
8    for (j=0; j<n; j++) {
9      if (j != k) {
10       dtemp = A[j][k];
11       for (i=k+1; i<n; i++) {
12         A[j][i] = A[j][i] - A[k][i]*dtemp;
13       }
14       b[j] = b[j] - b[k]*dtemp;
15   } }
16   // 解を得る
17   for (k=0; k<n; k++) {
18     x[k] = b[k] / A[k][k];
19   }
20 }
```

アルゴリズム 5.1 では，6 行目で各行を消去する係数を計算して，元の配列 A の消去される係数に上書きすることで，メモリを削減している点に注意する．この，各行を消去するために必要な係数 a_{kk} のことを，**枢軸**もしくは**ピボット** (pivot) とよぶ．

5.3   Gauss 消去法

5.3.1   Gauss 消去法の導出

次に，Gauss (ガウス) 消去法 (Gaussian elimination) の手順を説明する．元の方程式である式 (5.2) に対して，以下の操作を行う．

第 1 ステップでは，Gauss-Jordan 法と同様に第 1 行を基本行として，係数 $a_{21}, \cdots, a_{n1}$ を消去する．

$$
\begin{cases}
a_{11}x_1 & + & a_{12}x_2 & + & \cdots & + & a_{1n}x_n & = & b_1 \\
& & a_{22}^{(1)}x_2 & + & \cdots & + & a_{2n}^{(1)}x_n & = & b_2^{(1)} \\
& & & & \vdots & & & & \\
& & a_{n2}^{(1)}x_n & + & \cdots & + & a_{nn}^{(1)}x_n & = & b_n^{(1)}
\end{cases}
\tag{5.6}
$$

第 2 ステップでは，Gauss-Jordan 法と異なる方法で消去する．いま，第 2 行を基本行として，係数 $a_{32}^{(1)}, \cdots, a_{n2}^{(1)}$ を消去する．すなわち，第 3 行以下の係数を消去する．つまり，第 1

行は消去せず, 何もしない. そうすると以下が得られる.

$$
\left\{
\begin{array}{ccccccccc}
a_{11}x_1 & + & a_{12}x_2 & + & \cdots & + & a_{1n}x_n & = & b_1 \\
         &   & a_{22}^{(1)}x_2 & + & \cdots & + & a_{2n}^{(1)}x_n & = & b_2^{(1)} \\
         &   &   &   & \vdots &   &   &   &   \\
         &   &   &   & \cdots & + & a_{nn}^{(2)}x_n & = & b_n^{(2)}
\end{array}
\right.
\tag{5.7}
$$

　第 3 ステップでは, 第 3 行を基本行として, 同様に, 第 4 行から第 n 行の係数を消去する. この手順を第 n ステップまで続けると, 以下になる.

$$
\left\{
\begin{array}{ccccccccc}
a_{11}x_1 & + & a_{12}x_2 & + & \cdots & + & a_{1n}x_n & = & b_1 \\
         &   & a_{22}^{(1)}x_2 & + & \cdots & + & a_{2n}^{(1)}x_n & = & b_2^{(1)} \\
         &   &   &   & \ddots &   &   &   &   \\
         &   &   &   &   &   & a_{nn}^{(n)}x_n & = & b_n^{(n)}
\end{array}
\right.
\tag{5.8}
$$

　式 (5.8) は, 前向きに消去を進めて得られた方程式である. そこで, この操作のことを **前進消去** (forward elimination) とよぶ.

　前進消去で得られた方程式である式 (5.8) は, そのままでは解ベクトル x が得られない. しかし, 最後の要素 x_n から順に求めていけば, 解ベクトルが得られる. すなわち, $x_n = b_n^{(n)}$

アルゴリズム 5.2　　Gauss 消去法のアルゴリズム

```
1  // 前進消去
2  for (k=0; k<n-1; k++) {
3    dtemp = 1.0 / A[k][k];
4    for (i=k+1; i<n; i++) {
5      A[i][k] = A[i][k] * dtemp;
6    }
7    for (j=k+1; j<n; j++) {
8      dtemp = A[j][k];
9      for (i=k+1; i<n; i++) {
10       A[j][i] = A[j][i] - A[k][i] * dtemp;
11     }
12     b[j] = b[j] - b[k] * dtemp;
13 } }
14 // 後退代入
15 x[n - 1] = b[n - 1] / A[n - 1][n - 1];
16 for (k=n-2; k>=0; k--) {
17   x[k] = b[k];
18   for (j=k+1; j<n; j++) {
19     x[k] -= A[k][j] * x[j];
20   }
21   x[k] = x[k] / A[k][k];
22 }
```

$/\,a_{nn}^{(n)}$ が求まると，次に，$x_{n-1} = (b_{n-1}^{(n-1)} - a_{nn}^{(n)}\,x_n)\,/\,a_{n-1,n}^{(n-1)}$ が求まる．この操作を x_1 まで進めると，解ベクトル x すべてが求まる．この手順は，後ろから代入を続けている．そのため，この代入処理を，**後退代入**（backward substitution）とよぶ．

5.3.2　Gauss 消去法のアルゴリズム

Gauss 消去法のアルゴリズムを，アルゴリズム 5.2 に示す．5 行目でピボットの計算をして，元の配列 A の消去される係数に上書きしている点に注意する．

5.3.3　Gauss 消去法の計算量

アルゴリズム 5.2 の Gauss 消去法は，アルゴリズム 5.1 の Gauss-Jordan 法の計算量よりも計算量が少ない．

Gauss-Jordan 法は，各ステップでピボットの計算に $n-1$ 回の割り算と，$2(n-1) \times (n-1)$ の乗算と引き算がいる．それが，n ステップあるので，$2n^3 + O(n^2)$ の計算量がいる．一方，Gauss 消去法では，前進消去では，$\sum_{k=1}^{n} 2(n-k)^2 + \sum_{k=1}^{n}(k-1)$ なので，$4/3\,n^3 + O(n^2)$ となる．また，後退代入は，$O(n^2)$ であるので，全体では，$4/3n^3 + O(n^2)$ となる．したがって，Gauss 消去法のほうが，2/3 倍計算量が少ないといえる．

5.3.4　ピボッティング

Gauss-Jordan 法，Gauss 消去法ともに基本行の係数が 0 であるとする．たとえば，式 (5.2) における第 1 行を基本行とする場合の係数 a_{11} が 0 の場合である．この場合，0 による除算が生じて計算が続行できない．このように，計算が続行できないなどアルゴリズムが実行不能となることを，**破綻** (break down) とよぶ．

また，厳密に 0 でなくても a_{11} が非常に 0 に近い数の場合には，その逆数 $1/a_{11}$ が大きな値になり情報落ちなどが生じる．このことにより，解の精度が著しく劣化する．このような事態を避けるため，係数 a_{11} には絶対値のなるべく大きな値を取るようにしなければならない．

一方，連立一次方程式の特性から，行に相当する式を入れ替えても解には影響しない．そのことから消去時の破綻を回避するため，先ほどの式 (5.2) における第 1 行を基本行とする消去では，係数 $a_{11}, a_{21}, \cdots, a_{n1}$ において絶対値の大きな係数を探し，その行と基本行を入れ替える操作の後に消去する方法が考えられる．この方法を，**枢軸選択**，**ピボッティング** (pivot selection) とよぶ．

ピボッティングには以下の 2 種の方法がある．

1. **完全ピボッティング**：更新対象全体から最大のものを選ぶ方法．
2. **部分ピボッティング**：更新対象の列または行から最大のものを選ぶ方法．

ピボッティングの手間や経験的な数値安定性から，部分ピボッティングが用いられることが多い．

5.4　LU 分解法

式 (5.2) の連立一次方程式は，式 (5.1) の行列表記ができる．そこで行列 A に対して，行列分解の操作を適用することで統一的に解ベクトル x を求める方法を構築することができる．その方法の 1 つが，LU 分解法 (LU decomposition method) である．

5.4.1　LU 分解法とは

LU 分解法は，以下の 3 つのステップで解ベクトル x を求める．

- 第 1 ステップ：行列 A を，下三角行列 L と，上三角行列 U に分解する．すなわち，$A = LU$ と分解する．
- 第 2 ステップ：ベクトル $c \in \mathbb{R}^n$ を導入し，連立一次方程式 $Lc = b$ から，ベクトル c を求める．ベクトル c は，L が下三角行列であるため，**前進代入** (forward substitution) から求まる．
- 第 3 ステップ：連立一次方程式 $Ux = c$ から，解ベクトル x を求める．解ベクトル x は，L が上三角行列であるため，**後退代入** (backward substitution) から求まる．

ここで，第 1 ステップの $A = LU$ の分解を，**LU 分解** (LU decomposition) とよぶ．LU 分解法は，行列の LU 分解を利用して解ベクトル x を求める方法である．

ここで，下三角行列 L と上三角行列 U の形状は以下である．

$$
L = \begin{pmatrix} l_{11} & & & \\ l_{21} & l_{22} & & \\ \vdots & & \ddots & \\ l_{n1} & \cdots & \cdots & l_{nn} \end{pmatrix}, \ U = \begin{pmatrix} u_{11} & u_{12} & \cdots & u_{1n} \\ & u_{22} & & \vdots \\ & & \ddots & \vdots \\ & & & u_{nn} \end{pmatrix}. \tag{5.9}
$$

また，第 2 ステップと第 3 ステップの連立一次方程式は，以下から導出される．

$$
Ax = b, \ (LU)x = b, \ L(Ux) = b, \ Lc = b.
$$

ここで，$c = Ux$ とおいた．

5.4.2　LU 分解の導出

行列 A の LU 分解の導出方法は後述の 5.5 節で説明するように，いくつかのバリエーションがある．ここでは手で行う消去法と同じ手順である，Gauss 消去法をもとにした LU 分解を説明する．いま，第 k 行を基本行として第 $k+1$ 行から第 n 行を消去する場合を考える．

$$
\begin{cases} \ddots & \cdots & & & \\ a_{kk}^{(k-1)} x_k & + & \cdots & + & a_{kn}^{(k-1)} x_n & = & b_k^{(k-1)} \\ \vdots & & & & & & \vdots \\ a_{nk}^{(k-1)} x_k & + & \cdots & + & a_{nn}^{(k-1)} x_n & = & b_n^{(k-1)} \end{cases} \tag{5.10}
$$

式 (5.10) の第 k 列の消去では，ビボット a_{kk} を用いて係数 $a_{k+1,k}$, $a_{k+1,k}$, $a_{k+2,k}$, $\cdots$, $a_{n,k}$ を消去する．すなわち，この計算は

$$a_{ik} - a_{kk}(a_{ik}/a_{kk}), (i = k+1, k+2, \cdots, n) \tag{5.11}$$

と記載できる．

式 (5.11) の演算を，下三角行列 L を用いて行列表記すると，以下になる．

$$L_k = \begin{pmatrix} 1 & & & & & \\ & \ddots & & & & \\ & & 1 & & & \\ & & l_{k+1,k} & 1 & & \\ & & \vdots & & \ddots & \\ & & l_{mk} & & & 1 \end{pmatrix}, \tag{5.12}$$

ここで

$$l_{ik} = -(a_{ik}/a_{kk}), \ (i = k+1, k+2, \cdots, n) \tag{5.13}$$

である．このとき，この消去は

$$L_k A_k = U_{k+1}, \tag{5.14}$$

と記載できる．以上から，上三角行列 U への変換は

$$L_{n-1}L_{n-2} \cdots L_2 L_1 A = U, \tag{5.15}$$

と記載できる．このことから，LU 分解は

$$\begin{aligned} A &= (L_{n-1}L_{n-2} \cdots L_2 L_1)^{-1} U \\ &= (L_1^{-1} L_2^{-1} \cdots L_{n-2}^{-1} L_{n-1}^{-1}) U \\ &= LU \end{aligned} \tag{5.16}$$

となり，行列 L と U が計算できる．ここで，各逆行列 L_k^{-1} は，式 (5.12) の下三角行列 L_k の特徴から，容易に求められることに注意する．すなわち L_k の非対角要素の符号を変換したものが，L_k^{-1} である．

結果として，下三角行列 L は消去に必要となるピボットとの比

$$l_{ik} = a_{ik}/a_{kk}, \ (i = k+1, k+2, \cdots, n) \tag{5.17}$$

で構成される行列とすればよい．また，上三角行列 U は，消去後の連立一次方程式である式 (5.8) の係数からなる行列である．また，$l_{kk} = 1$ となるため，下三角行列の対角要素は 1 である．

5.4.3　LU分解法のアルゴリズム

LU分解法のアルゴリズム（ピボッティングなし）をアルゴリズム5.3に示す.

アルゴリズム 5.3　LU分解法のアルゴリズム（ピボッティングなし）

```
1  // LU分解 A = LU
2  for (k=0; k<n-1; k++) {
3    dtemp = 1.0 / A[k][k];
4    for (i=k+1; i<n; i++) {
5      A[i][k] = A[i][k] * dtemp;
6    }
7    for (j=k+1; j<n; j++) {
8      dtemp = A[j][k];
9      for (i=k+1; i<n; i++) {
10       A[j][i] = A[j][i] - A[k][i] * dtemp;
11 } } }
12 // 前進代入 Lc = b
13 for (k=0; k<n; k++) {
14   c[k] = b[k];
15   for (j=0; j<k; j++) {
16     c[k] -= A[k][j] * c[j];
17 }}
18 // 後退代入 Ux = b
19 x[n - 1] = c[n - 1] / A[n - 1][n - 1];
20 for (k=n-2; k>=0; k--) {
21   x[k] = c[k];
22   for (j=k+1; j<n; j++) {
23     x[k] -= A[k][j] * x[j];
24   }
25   x[k] = x[k] / A[k][k];
26 }
```

アルゴリズム5.3では，元の配列Aに上三角行列Lと下三角行列Uの要素が上書きされる.また，下三角行列Lの対角要素$l_{11}, l_{22}, \cdots, l_{nn}$は1であることを示した.そのため，1を入れるのは効率が悪いことから上三角行列Uの対角要素を入れている.ただし前進代入$Lc = b$の計算時には，Lの対角要素が1であることを利用して計算している点に注意する.

5.5　より深く学ぶために：アルゴリズムの変種

前節で説明したように，LU分解法を構成するLU分解は異なる導出方法・実装方式がある．これを，アルゴリズムの**変種** (variant) とよぶ．

LU分解などの基本的な演算の変種は数学上において興味深いだけではなく，使っている計算機のハードウェア構成の違いからプログラムの実行性能に大きく影響することが知られている．

◆LU分解法の変種

行列 A のLU分解である $A = LU$ には，プログラムしたときのデータのアクセスの違いから以下の3種の方法が知られている．

1. **外積形式 Gauss 法**　（outer-product form）：通常の消去法（Gauss消去法）から導出される方法．本書で紹介したLU分解は，外積形式Gauss法である．

2. **内積形式 Gauss 法**（inner-product form）：LU分解がなされたとして，L の対角要素を1に固定して導出される方法．

3. **Crout (クラウト) 法**（Crout method）：LU分解がなされたとして，U の対角要素を1に固定して導出される方法．

これらの変種の説明は本書の取り扱う範囲を超えるため，ここでは説明は行わない．興味ある読者は，（片桐，2015）[5] を参照すること．

演習課題

問題 5.1（Gauss-Jordan 法）　5.2.2項にて説明したGauss-Jordan法のアルゴリズム（アルゴリズム5.1）を実装せよ．

ソースコード C5.1 およびソースコード F5.1 にテスト用の行列とベクトルを作成するためのプログラムと，生成される行列の実行結果例を示す．この例ではベクトル b の生成方法の都合上，解ベクトル x はつねに1ベクトルとなるため，計算結果が正しいかを容易に確認できる（もちろん行列 A を乱数などで初期化した場合も同様である）．なお N の値を大きくする場合，0章で述べたようにスタックサイズがあふれてコンパイル時や実行時にエラーが発生することがあるため注意が必要である．

```
 1  #include <stdio.h>
 2
 3  #define N 10
 4
 5  int main() {
 6    double A[N][N], b[N];
 7    int i, j, ii;
 8    /* 行列作成 */
 9    for (j=0; j<N; j++) {
10      ii = 0;
11      for (i=j; i<N; i++) {
12        A[j][i] = (N-j) - ii;
13        A[i][j] = A[j][i];
14        ii++;
15      }
16    }
17    /* 行列確認 */
18    printf("Matrix A:\n");
19    for (j=0; j<N; j++) {
20      for (i=0; i<N; i++) {
21        printf(" %5.2f", A[j][i]);
22      }
23      printf("\n");
24    }
25    /* ベクトル作成 */
26    for (i=0; i<N; i++) {
27      b[i] = 0.0;
28      for (j=0; j<N; j++) {
29        b[i] += A[i][j];
30      }
31    }
32    /* ベクトル確認 */
33    printf("Vector b:\n");
34    for (i=0; i<N; i++) {
35      printf(" %5.2f", b[i]);
36    }
37    printf("\n");
38    return 0;
39  }
```

ソースコード **C5.1**　テスト用の行列とベクトルを生成・確認する例 5_1_gaussjordan_gen.c

```
 1  program main
 2    use procedures
 3    implicit none
 4    integer, parameter          :: N = 10
 5    real(kind=8), dimension(N,N) :: A
 6    real(kind=8), dimension(N)   :: b
 7    integer                     :: i, j, ii
 8    ! 行列作成
 9    do j=1, N
10      ii = 0
11      do i=j, N
12        A(j,i) = (N-(j-1)) - ii
13        A(i,j) = A(j,i)
14        ii = ii + 1
15      end do
16    end do
17    ! 行列確認
18    write(*,fmt='(a)') "Matrix A:"
19    do j=1, N
20      do i=1, N
21        write(*,fmt='(1x,f5.2)',advance='no') A(j,i)
22      end do
23      write(*,*)""
24    end do
25    ! ベクトル作成
26    do i=1, N
27      b(i) = 0.0d0
28      do j=1, N
29        b(i) = b(i) + A(i,j)
30      end do
31    end do
32    ! ベクトル確認
33    write(*,fmt='(a)') "Vector b:"
34    do i=1, N
35      write(*,fmt='(1x,f5.2)',advance='no') b(i)
36    end do
37    write(*,*)""
38    stop
39  end program main
```

ソースコード **F5.1** テスト用の行列とベクトルを生成・確認する例
5_1_gaussjordan_gen.f90

```
C:
$ ./5_1_gaussjordan_gen_c
Matrix A:
   10.00    9.00    8.00    7.00    6.00    5.00    4.00    3.00    2.00    1.00
    9.00    9.00    8.00    7.00    6.00    5.00    4.00    3.00    2.00    1.00
    8.00    8.00    8.00    7.00    6.00    5.00    4.00    3.00    2.00    1.00
    7.00    7.00    7.00    7.00    6.00    5.00    4.00    3.00    2.00    1.00
    6.00    6.00    6.00    6.00    6.00    5.00    4.00    3.00    2.00    1.00
    5.00    5.00    5.00    5.00    5.00    5.00    4.00    3.00    2.00    1.00
    4.00    4.00    4.00    4.00    4.00    4.00    4.00    3.00    2.00    1.00
    3.00    3.00    3.00    3.00    3.00    3.00    3.00    3.00    2.00    1.00
    2.00    2.00    2.00    2.00    2.00    2.00    2.00    2.00    2.00    1.00
    1.00    1.00    1.00    1.00    1.00    1.00    1.00    1.00    1.00    1.00
Vector b:
   55.00   54.00   52.00   49.00   45.00   40.00   34.00   27.00   19.00   10.00

Fortran:
$ ./5_1_gaussjordan_gen_f
 Matrix A:
   10.00    9.00    8.00    7.00    6.00    5.00    4.00    3.00    2.00    1.00
    9.00    9.00    8.00    7.00    6.00    5.00    4.00    3.00    2.00    1.00
    8.00    8.00    8.00    7.00    6.00    5.00    4.00    3.00    2.00    1.00
    7.00    7.00    7.00    7.00    6.00    5.00    4.00    3.00    2.00    1.00
    6.00    6.00    6.00    6.00    6.00    5.00    4.00    3.00    2.00    1.00
    5.00    5.00    5.00    5.00    5.00    5.00    4.00    3.00    2.00    1.00
    4.00    4.00    4.00    4.00    4.00    4.00    4.00    3.00    2.00    1.00
    3.00    3.00    3.00    3.00    3.00    3.00    3.00    3.00    2.00    1.00
    2.00    2.00    2.00    2.00    2.00    2.00    2.00    2.00    2.00    1.00
    1.00    1.00    1.00    1.00    1.00    1.00    1.00    1.00    1.00    1.00
 Vector b:
   55.00   54.00   52.00   49.00   45.00   40.00   34.00   27.00   19.00   10.00
```

テスト用の行列とベクトルを生成・確認する例 実行結果例

問題 5.2（Gauss 消去法）　5.3.2 項にて説明した Gauss 消去法のアルゴリズム（アルゴリズム 5.2）を実装せよ．計算対象の行列とベクトルについては，Gauss-Jordan 法で用いたソースコード C5.1 およびソースコード F5.1 をそのまま利用可能である．

　さらに，部分ピボット選択を適用した Gauss 消去法を実装し，ピボット選択の効果を確認せよ．ピボット選択の効果を容易に確認できる行列とベクトルを生成するプログラムの例をソースコード C5.2 およびソースコード F5.2 に，またその実行結果例を示す．これらのプログラムでは，行列とベクトルを乱数で初期化し，さらに 1 行 1 列目の要素を 0.0 にすることでピボット選択を行わなければ正しく計算できないようにしている．なお，生成される行列によっては，部分ピボット選択を適用しても実行結果に大きめの誤差が生じることがある点には注意が必要である．（今回の例のように小さな行列の一部を 0.0 でクリアするような条件では特に注意が必要である．）

```
1  #include <stdio.h>
2  #include <stdlib.h>
3  #include <math.h>
4  #define N 4
5  int main() {
6    double A[N][N], b[N], x[N], A_orig[N][N], x_orig[N];
7    int i, j;
8    /* 乱数の初期化例 */
9    srand(3);
10   /* 行列Aの生成（乱数） */
11   for (j=0; j<N; j++) {
12     for (i=0; i<N; i++) {
13       A[j][i] = (double)(rand()%65535)/65535.0;
14       A_orig[j][i] = A[j][i];
15     }
16   }
17   /* [0][0]を0.0にして計算を妨害 */
18   A[0][0] = A_orig[0][0] = 0.0;
19   /* 理論上の解となるxを生成（乱数） */
20   for (i=0; i<N; i++) { x_orig[i] = (double)(rand()%65535)/65535.0; }
21   /* 行列ベクトル積によりbを計算 */
22   for (i=0; i<N; i++) {
23     b[i] = 0.0;
24     for (j=0; j<N; j++) { b[i] += A[i][j] * x_orig[j]; }
25   }
26   /* Ax=bの確認 */
27   printf("Theoretical result:\nA_orig * x_orig = b_orig\n");
28   for (j=0; j<N; j++) {
29     for (i=0; i<N; i++) { printf(" %f", A[j][i]); }
30     if (j == 0) printf(" x %f = %f\n", x_orig[j], b[j]);
31     else printf("   %f   %f\n", x_orig[j], b[j]);
32   }
33   /* ガウスの消去法 */
34   MyGaussSolve(N, A, b, x);
35   /* 結果の確認 */
36   printf("Calculated result:\nA_orig * x = b\n");
37   for (i=0; i<N; i++) {
38     b[i] = 0.0;
39     for (j=0; j<N; j++) { b[i] += A_orig[i][j] * x[j]; }
40   }
41   for (j=0; j<N; j++) {
42     for (i=0; i<N; i++) { printf(" %f", A_orig[j][i]); }
43     if (j == 0) printf(" x %f = %f\n", x[j], b[j]);
44     else printf("   %f   %f\n", x[j], b[j]);
45   }
46   return 0;
47 }
```

ソースコード　**C5.2**　テスト用の行列とベクトルを生成・確認する例
5_2_gauss_solv_pv_gen.c

```fortran
program main
  use procedures
  implicit none
  integer,parameter          :: N = 4
  real(kind=8),dimension(N,N) :: A, A_orig
  real(kind=8),dimension(N)   :: b, x, x_orig
  integer                     :: i, j
  ! 乱数の初期化例
  call srand(3)
  ! 行列Aの生成（乱数）
  do j=1, N; do i=1, N; A(j,i) = rand(); A_orig(j,i) = A(j,i); end do; end do
  ! (1,1)を0.0にして計算を妨害
  A(1,1) = 0.0d0; A_orig(1,1) = 0.0d0
  ! 理論上の解となるxを生成（乱数）
  do i=1, N; x_orig(i) = rand(); end do
  ! 行列ベクトル積によりbを計算
  do i=1, N
    b(i) = 0.0d0
    do j=1, N; b(i) = b(i) + A(i,j) * x_orig(j); end do
  end do
  ! Ax=bの確認
  write(*,fmt='(a/a)') "Theoretical result:", "A_orig * x_orig = b_orig"
  do j=1, N
    do i=1, N; write(*,fmt='(1x,f9.6)',advance='no') A(j,i); end do
    if (j == 1) then
      write(*,fmt='(1x,a,f9.6,a,f9.6)') " x ", x_orig(j), " = ", b(j)
    else
      write(*,fmt='(1x,a,f9.6,a,f9.6)') "   ", x_orig(j), "   ", b(j)
    end if
  end do
  ! ガウスの消去法
  call MyGaussSolve(N, A, b, x)
  ! 結果の確認
  write(*,fmt='(a/a)') "Calculated result:", "A_orig * x = b"
  do i=1, N
    b(i) = 0.0d0
    do j=1, N; b(i) = b(i) + A_orig(i,j) * x(j); end do
  end do
  do j=1, N
    do i=1, N; write(*,fmt='(1x,f9.6)',advance='no') A_orig(j,i); end do
    if (j == 1) then; write(*,fmt='(1x,a,f9.6,a,f9.6)') " x ", x(j), " = ", b(j)
    else; write(*,fmt='(1x,a,f9.6,a,f9.6)') "   ", x(j), "   ", b(j)
    end if
  end do
  stop
end program main
```

ソースコード **F5.2** テスト用の行列とベクトルを生成・確認する例 5_2_gauss_solv_pv_gen.f90

```
C:
$ ./5_2_gauss_solv3_c
Theoretical result:
A_orig * x_orig = b_orig
 0.000000 0.810605 0.167773 0.892790 x 0.958999 = 1.656412
 0.695354 0.395193 0.815091 0.288991   0.964126   1.576907
 0.530556 0.875425 0.738552 0.095872   0.323156   1.679618
 0.687480 0.999557 0.464179 0.942138   0.919219   2.639025
Calculated result:
A_orig * x = b
 0.000000 0.810605 0.167773 0.892790 x -nan = -nan
 0.695354 0.395193 0.815091 0.288991   -nan   -nan
 0.530556 0.875425 0.738552 0.095872   -nan   -nan
 0.687480 0.999557 0.464179 0.942138   -nan   -nan


Fortran:
$ ./5_2_gauss_solv3_f
Theoretical result:
A_orig * x_orig = b_orig
  0.000000  0.394613  0.266816  0.375950  x  0.013448 =  0.124590
  0.598302  0.656878  0.141134  0.036594     0.023094    0.051759
  0.037889  0.804079  0.150506  0.558249     0.150247    0.153636
  0.492896  0.103716  0.160385  0.589100     0.200526    0.151251
Calculated result:
A_orig * x = b
  0.000000  0.394613  0.266816  0.375950  x     NaN =     NaN
  0.598302  0.656878  0.141134  0.036594        NaN       NaN
  0.037889  0.804079  0.150506  0.558249        NaN       NaN
  0.492896  0.103716  0.160385  0.589100        NaN       NaN
```

テスト用の行列とベクトルを生成・確認する例　実行結果例（ピボット選択を適用する前）

問題 5.3（LU 分解法）　5.4.3 項にて説明した LU 分解法のアルゴリズム（アルゴリズム 5.3）を実装せよ．計算対象の行列とベクトルについては，Gauss-Jordan 法で用いたソースコード C5.1 およびソースコード F5.1 をそのまま利用可能である．

また，部分ピボット選択を適用した LU 分解法を実装し，ピボット選択の効果を確認せよ．計算対象の行列とベクトルについては問題 5.2（Gauss 消去法）と同様のものが利用可能である．

問題 5.4（三重対角に対する LU 分解法）　三重対角行列に対する LU 分解法を実装せよ．三重対角行列は式 (5.18) のように対角要素および上下の要素をそれぞれ 1 つずつの 1 次元配列で保持しているものとする．

$$A = \begin{pmatrix} d_0 & u_0 & & & & 0 \\ l_0 & d_1 & & & & \\ & & \ddots & \ddots & \ddots & \\ & & & d_{N-2} & u_{N-2} \\ 0 & & & l_{N-2} & d_{N-1} \end{pmatrix} \begin{pmatrix} x_0 \\ x_1 \\ \vdots \\ x_{N-2} \\ x_{N-1} \end{pmatrix} = \begin{pmatrix} b_0 \\ b_1 \\ \vdots \\ b_{N-2} \\ b_{N-1} \end{pmatrix} \tag{5.18}$$

プログラム解説

問題 5.1 (Gauss-Jordan 法)　プログラム例をソースコード C5.3 およびソースコード F5.3 に示す. これらの実装例ではアルゴリズム 5.1 を MyGaussJsolve 関数として実装した. ただし MyGaussJsolve 関数については, 第 1 引数に行列サイズ, 第 2 から第 4 引数に行列 A とベクトル b, x を受け取る関数としている. これは 0 章で説明した C99 の可変長配列を用いているためである. Fortran 版も同じ順序に統一した.

　解ベクトル x は 1 ベクトルであるため, 実行結果例は省略する.

```c
void MyGaussJsolve (int n, double A[n][n], double b[n], double x[n]) {
  int i, j, k;
  double dtemp;
  /* Gauss-Jordan消去 */
  for (k=0; k<n; k++) {
    dtemp = 1.0 / A[k][k];
    for (i=0; i<n; i++) {
      if (i != k) {
        A[i][k] = A[i][k]*dtemp;
      }
    }
    for (j=0; j<n; j++) {
      if (j != k) {
        dtemp = A[j][k];
        for (i=k+1; i<n; i++) {
          A[j][i] = A[j][i] - A[k][i]*dtemp;
        }
        b[j] = b[j] - b[k]*dtemp;
      }
    }
  }
  /* 解を得る */
  for (k=0; k<n; k++) {
    x[k] = b[k]/A[k][k];
  }
}
```

ソースコード **C5.3**　Gauss-Jordan 法プログラム 5_1_gaussjordan_body.c

```
 1  module procedures
 2  contains
 3    subroutine MyGaussJsolve (n, A, b, x)
 4      implicit none
 5      integer,intent(in)                         :: n
 6      real(kind=8),dimension(:,:),intent(inout) :: A
 7      real(kind=8),dimension(:),intent(inout)   :: b, x
 8      integer                                    :: i, j, k
 9      real(kind=8)                               :: dtemp
10      ! Gauss-Jordan消去
11      do k=1, n
12         dtemp = 1.0d0 / A(k,k)
13         do i=1, n
14            if (i /= k) then
15               A(i,k) = A(i,k)*dtemp
16            end if
17         end do
18         do j=1, n
19            if (j /= k) then
20               dtemp = A(j,k)
21               do i=k+1, n
22                  A(j,i) = A(j,i) - A(k,i)*dtemp
23               end do
24               b(j) = b(j) - b(k)*dtemp
25            end if
26         end do
27      end do
28      ! 解を得る
29      do k=1, n
30         x(k) = b(k)/A(k,k)
31      end do
32    end subroutine MyGaussJsolve
33  end module procedures
```

ソースコード **F5.3**　Gauss-Jordan法プログラム 5_1_gaussjordan_body.f90

問題5.2（Gauss消去法）　プログラム例をソースコード C5.4 およびソースコード F5.4 に示す．問題 5.1 と同様に，アルゴリズム 5.2 を関数として実装した．

さらに，部分ピボット選択を実装した場合のプログラム例をソースコード C5.5 およびソースコード F5.5 に示す．ピボットを探索する処理が追加されているのに加えて，行の入れ替えに対応するため行列やベクトルのへのアクセスに配列 list を利用している点，さらに MyGaussSolve 関数の末尾で配列 x を並び替えている（並び替える都合上，計算時に配列 x ではなく tmpx を用いている）点に注意が必要である．アルゴリズム 5.2 と同じ行列とベクトルに対してピボット選択を適用した Gauss 消去法の実行結果例を示す．ピボット選択の効果により正しく計算が行えていることが確認できる．

なおここで示した実装は，行列やベクトルの各要素にアクセスするたびに追加で入れ替え用の配列へのアクセスが必要となるため，実行時間が増加しやすいという問題を有している．これを回避するには，入れ替え用の配列を毎回使うのではなく，必要に応じて行列やベクトルの要素を実際に入れ替えてしまうのがよい．

```c
void MyGaussSolve (int n, double A[n][n], double b[n], double x[n]) {
  int i, j, k;
  double dtemp;
  /* 前進消去 */
  for (k=0; k<n-1; k++) {
    dtemp = 1.0 / A[k][k];
    for (i=k+1; i<n; i++) {
      A[i][k] = A[i][k]*dtemp;
    }
    for (j=k+1; j<n; j++) {
      dtemp = A[j][k];
      for (i=k+1; i<n; i++) {
        A[j][i] = A[j][i] - A[k][i]*dtemp;
      }
      b[j] = b[j] - b[k] * dtemp;
    }
  }
  /* 後退代入 */
  x[n-1] = b[n-1]/A[n-1][n-1];
  for (k=n-2; k>=0; k--) {
    x[k] = b[k];
    for (j=k+1; j<n; j++) {
      x[k] -= A[k][j]*x[j];
    }
    x[k] = x[k] / A[k][k];
  }
}
```

ソースコード **C5.4**　Gauss 消去法プログラム 5_2_gauss_solv_body.c

```
1  module procedures
2  contains
3    subroutine MyGaussSolve (n, A, b, x)
4      implicit none
5      integer,intent(in)                        :: n
6      real(kind=8), dimension(:,:),intent(inout) :: A
7      real(kind=8), dimension(:),intent(inout)  :: b, x
8      integer                                   :: i, j, k
9      real(kind=8)                              :: dtemp
10     ! 前進消去
11     do k=1, n-1
12        dtemp = 1.0d0 / A(k,k)
13        do i=k+1, n
14           A(i,k) = A(i,k)*dtemp
15        end do
16        do j=k+1, n
17           dtemp = A(j,k)
18           do i=k+1, n
19              A(j,i) = A(j,i) - A(k,i)*dtemp
20           end do
21           b(j) = b(j) - b(k) * dtemp
22        end do
23     end do
24     ! 後退代入
25     x(n) = b(n)/A(n,n)
26     do k=n-1, 1, -1
27        x(k) = b(k)
28        do j=k+1, n
29           x(k) = x(k) - A(k,j)*x(j)
30        end do
31        x(k) = x(k) / A(k,k)
32     end do
33   end subroutine MyGaussSolve
34 end module procedures
```

ソースコード **F5.4** Gauss 消去法プログラム 5_2_gauss_solv_body.f90

```
1  void MyGaussSolve (int n, double A[n][n], double b[n], double x[n]) {
2    int i, j, k;
3    double dtemp, dmax, tmpx[n];
4    int list[n], nmax, ntemp;
5    /* 入れ替え情報の準備 */
6    for (k=0; k<n; k++) list[k] = k;
7    /* 前進消去 */
8    for (k=0; k<n-1; k++) {
9      /* ピボット検索と入れ替え（list情報の生成） */
10     nmax = k;
11     dmax = fabs(A[list[k]][k]);
12     for (i=k+1; i<n; i++){
13       if (dmax < fabs(A[list[i]][k])) {
14         nmax = i;
15         dmax = fabs(A[list[i]][k]);
16       }
17     }
18     if (k != nmax) { /* 交換 */
19       ntemp = list[k];  list[k] = list[nmax];  list[nmax] = ntemp;
20     }
21     /* 前進消去本体 */
22     dtemp = 1.0 / A[list[k]][k];
23     for (i=k+1; i<n; i++) {
24       A[list[i]][k] = A[list[i]][k] * dtemp;
25     }
26     for (j=k+1; j<n; j++) {
27       dtemp = A[list[j]][k];
28       for (i=k+1; i<n; i++) {
29         A[list[j]][i] = A[list[j]][i] - A[list[k]][i] * dtemp;
30       }
31       b[list[j]] = b[list[j]] - b[list[k]] * dtemp;
32     }
33   }
34   /* 後退代入 */
35   tmpx[list[n-1]] = b[list[n-1]] / A[list[n-1]][n-1];
36   for (k=n-2; k>=0; k--) {
37     tmpx[list[k]] = b[list[k]];
38     for (j=k+1; j<n; j++) {
39       tmpx[list[k]] -= A[list[k]][j] * tmpx[list[j]];
40     }
41     tmpx[list[k]] = tmpx[list[k]] / A[list[k]][k];
42   }
43   /* ピボット選択による入れ替えを考慮して並び替えなおす */
44   for (k=0; k<n; k++) x[k] = tmpx[list[k]];
45 }
```

ソースコード **C5.5** Gauss 消去法プログラム（部分ピボット選択あり）
5_2_gauss_solv_pv_body.c

```fortran
module procedures
contains
  subroutine MyGaussSolve (n, A, b, x)
    implicit none
    integer,intent(in)                        :: n
    real(kind=8),dimension(:,:),intent(inout) :: A
    real(kind=8),dimension(:),intent(inout)   :: b, x
    integer                                   :: i, j, k, nmax, ntemp
    real(kind=8)                              :: dtemp, dmax
    real(kind=8),dimension(N)                 :: tmpx
    integer,dimension(N)                      :: list
    ! 入れ替え情報の準備
    do k=1, n; list(k) = k; end do
    ! 前進消去
    do k=1, n-1
       ! ピボット検索と入れ替え（list情報の生成）
       nmax = k;  dmax = dabs(A(list(k),k))
       do i=k+1, n
          if (dmax < dabs(A(list(i),k))) then
             nmax = i;  dmax = dabs(A(list(i),k))
          end if
       end do
       if (k /= nmax) then ! 交換
          ntemp = list(k);  list(k) = list(nmax);  list(nmax) = ntemp
       end if
       ! 前進消去本体
       dtemp = 1.0d0 / A(list(k),k)
       do i=k+1, n; A(list(i),k) = A(list(i),k) * dtemp; end do
       do j=k+1, n
          dtemp = A(list(j),k)
          do i=k+1, n; A(list(j),i) = A(list(j),i) - A(list(k),i) * dtemp; end do
          b(list(j)) = b(list(j)) - b(list(k)) * dtemp
       end do
    end do
    ! 後退代入
    tmpx(list(n)) = b(list(n)) / A(list(n),n)
    do k=n-1, 1, -1
       tmpx(list(k)) = b(list(k))
       do j=k+1, n
          tmpx(list(k)) = tmpx(list(k)) - A(list(k),j)*tmpx(list(j))
       end do
       tmpx(list(k)) = tmpx(list(k)) / A(list(k),k)
    end do
    ! ピボット選択による入れ替えを考慮して並び替えなおす
    do k=1, n; x(k) = tmpx(list(k)); end do
  end subroutine MyGaussSolve
end module procedures
```

ソースコード　**F5.5**　Gauss 消去法プログラム（部分ピボット選択あり）
5_2_gauss_solv_pv_body.f90

```
C:
$ ./5_2_gauss_solv_pv_c
Theoretical result:
A_orig * x_orig = b_orig
 0.000000 0.810605 0.167773 0.892790 x 0.958999 = 1.656412
 0.695354 0.395193 0.815091 0.288991   0.964126   1.576907
 0.530556 0.875425 0.738552 0.095872   0.323156   1.679618
 0.687480 0.999557 0.464179 0.942138   0.919219   2.639025
Calculated result:
A_orig * x = b
 0.000000 0.810605 0.167773 0.892790 x 0.958999 = 1.656412
 0.695354 0.395193 0.815091 0.288991   0.964126   1.576907
 0.530556 0.875425 0.738552 0.095872   0.323156   1.679618
 0.687480 0.999557 0.464179 0.942138   0.919219   2.639025


Fortran:
$ ./5_2_gauss_solv_pv_f
Theoretical result:
A_orig * x_orig = b_orig
   0.000000  0.394613  0.266816  0.375950  x  0.013448 =  0.124590
   0.598302  0.656878  0.141134  0.036594     0.023094    0.051759
   0.037889  0.804079  0.150506  0.558249     0.150247    0.153636
   0.492896  0.103716  0.160385  0.589100     0.200526    0.151251
Calculated result:
A_orig * x = b
   0.000000  0.394613  0.266816  0.375950  x  0.013448 =  0.124590
   0.598302  0.656878  0.141134  0.036594     0.023094    0.051759
   0.037889  0.804079  0.150506  0.558249     0.150247    0.153636
   0.492896  0.103716  0.160385  0.589100     0.200526    0.151251
```

Gauss消去法プログラム（部分ピボット選択あり）　実行結果例

問題 5.3（LU 分解法）　　プログラム例をソースコード C5.6 およびソースコード F5.6 に示す．問題 5.1 や問題 5.2 と同様に，アルゴリズム 5.3 を関数として実装した．

　さらに，部分ピボット選択を実装した場合のプログラム例をソースコード C5.7 およびソースコード F5.7 に示す．ピボット選択処理やその情報の使い方（配列 list を用いて行列やベクトルにアクセスする）は Gauss 消去法の場合と同様である．ピボット選択を適用した LU 分解法の実行結果例を示す．Gauss 消去法と同様にピボット選択の効果により正しく計算が行えていることが確認できる．

```c
1  void MyLUsolve (int n, double A[n][n], const double b[n], double x[n]) {
2    double c[n];
3    int i, j, k;
4    double dtemp;
5    /* LU分解 */
6    for (k=0; k<n-1; k++) {
7      dtemp = 1.0 / A[k][k];
8      for (i=k+1; i<n; i++) {
9        A[i][k] *= dtemp;
10     }
11     for (j=k+1; j<n; j++) {
12       dtemp = A[j][k];
13       for (i=k+1; i<n; i++) {
14         A[j][i] -= A[k][i] * dtemp;
15       }
16     }
17   }
18   /* 前進代入 */
19   for (k=0; k<n; k++) {
20     c[k] = b[k];
21     for (j=0; j<k; j++) {
22       c[k] -= A[k][j] * c[j];
23     }
24   }
25   /* 後退代入 */
26   x[n-1] = c[n-1]/A[n-1][n-1];
27   for (k=n-2; k>=0; k--) {
28     x[k] = c[k];
29     for (j=k+1; j<n; j++) {
30       x[k] -= A[k][j] * x[j];
31     }
32     x[k] = x[k] / A[k][k];
33   }
34 }
```

ソースコード **C5.6**　LU 分解法（ピボット選択なし）プログラム 5_3_lu_solv_body.c

```fortran
module procedures
contains
  subroutine MyLUsolve (n, A, b, x)
    implicit none
    integer,intent(in) :: n
    real(kind=8),dimension(:,:),intent(inout) :: A
    real(kind=8),dimension(:),intent(in)      :: b
    real(kind=8),dimension(:),intent(inout)   :: x
    real(kind=8),dimension(n)                 :: c
    integer                                   :: i, j, k
    real(kind=8)                              :: dtemp
    ! LU分解
    do k=1, n-1
       dtemp = 1.0d0 / A(k,k)
       do i=k+1, n
          A(i,k) = A(i,k) * dtemp
       end do
       do j=k+1, n
          dtemp = A(j,k)
          do i=k+1, n
             A(j,i) = A(j,i) - A(k,i) * dtemp
          end do
       end do
    end do
    ! 前進代入
    do k=1, n
       c(k) = b(k)
       do j=1, k-1
          c(k) = c(k) - A(k,j) * c(j)
       end do
    end do
    ! 後退代入
    x(n) = c(n)/A(n,n);
    do k=n-1, 1, -1
       x(k) = c(k)
       do j=k+1, n
          x(k) = x(k) - A(k,j) * x(j)
       end do
       x(k) = x(k) / A(k,k)
    end do
  end subroutine MyLUsolve
end module procedures
```

ソースコード **F5.6**　LU分解法（ピボット選択なし）プログラム 5_3_lu_solv_body.f90

```
 1  void MyLUsolve (int n, double A[n][n], const double b[n], double x[n]) {
 2    int i, j, k;
 3    double dtemp, dmax, tmpx[n], c[n];
 4    int list[n], nmax, ntemp;
 5    /* 入れ替え情報の準備 */
 6    for (k=0; k<n; k++) list[k] = k;
 7    /* LU分解 */
 8    for (k=0; k<n-1; k++) {
 9      /* ピボット検索と入れ替え（list情報の生成） */
10      nmax = k;
11      dmax = fabs(A[list[k]][k]);
12      for (i=k+1; i<n; i++) {
13        if (dmax < fabs(A[list[i]][k])) {
14          nmax = i;
15          dmax = fabs(A[list[i]][k]);
16        }
17      }
18      if (k != nmax) { /* 交換 */
19        ntemp = list[k];  list[k] = list[nmax];  list[nmax] = ntemp;
20      }
21      dtemp = 1.0 / A[list[k]][k];
22      for (i=k+1; i<n; i++) { A[list[i]][k] *= dtemp; }
23      for (j=k+1; j<n; j++) {
24        dtemp = A[list[j]][k];
25        for (i=k+1; i<n; i++) { A[list[j]][i] -= A[list[k]][i]*dtemp; }
26      }
27    }
28    /* 前進代入 */
29    for (k=0; k<n; k++) {
30      c[list[k]] = b[list[k]];
31      for (j=0; j<k; j++) { c[list[k]] -= A[list[k]][j]*c[list[j]]; }
32    }
33    /* 後退代入 */
34    tmpx[list[n-1]] = c[list[n-1]]/A[list[n-1]][n-1];
35    for (k=n-2; k>=0; k--) {
36      tmpx[list[k]] = c[list[k]];
37      for (j=k+1; j<n; j++) { tmpx[list[k]] -= A[list[k]][j]*tmpx[list[j]]; }
38      tmpx[list[k]] = tmpx[list[k]] / A[list[k]][k];
39    }
40    /* ピボット選択による入れ替えを考慮して並び替えなおす */
41    for (k=0; k<n; k++) x[k] = tmpx[list[k]];
42  }
```

ソースコード **C5.7** LU 分解法（部分ピボット選択あり）プログラム 5_3_lu_solv_pv_body.c

```fortran
 1 module procedures
 2 contains
 3   subroutine MyLUsolve (n, A, b, x)
 4     implicit none
 5     integer,intent(in) :: n
 6     real(kind=8),dimension(:,:),intent(inout) :: A
 7     real(kind=8),dimension(:),intent(in)       :: b
 8     real(kind=8),dimension(:),intent(inout)    :: x
 9     real(kind=8),dimension(n)              :: c, tmpx
10     integer                                :: i, j, k, nmax, ntemp
11     real(kind=8)                           :: dtemp, dmax
12     integer,dimension(n)                   :: list
13     ! 入れ替え情報の準備
14     do k=1, n; list(k) = k; end do
15     ! LU分解
16     do k=1, n-1
17        ! ピボット検索と入れ替え（list情報の生成）
18        nmax = k;   dmax = dabs(A(list(k),k))
19        do i=k+1, n
20           if (dmax < dabs(A(list(i),k))) then
21              nmax = i;    dmax = dabs(A(list(i),k))
22           end if
23        end do
24        if (k /= nmax) then ! 交換
25           ntemp = list(k);  list(k) = list(nmax);   list(nmax) = ntemp
26        end if
27        dtemp = 1.0d0 / A(list(k),k)
28        do i=k+1, n; A(list(i),k) = A(list(i),k)*dtemp; end do
29        do j=k+1, n; dtemp = A(list(j),k)
30           do i=k+1, n; A(list(j),i) = A(list(j),i) - A(list(k),i)*dtemp; end do
31        end do
32     end do
33     ! 前進代入
34     do k=1, n; c(list(k)) = b(list(k))
35        do j=1, k-1; c(list(k)) = c(list(k)) - A(list(k),j)*c(list(j)); end do
36     end do
37     ! 後退代入
38     tmpx(list(n)) = c(list(n))/A(list(n),n);
39     do k=n-1, 1, -1; tmpx(list(k)) = c(list(k))
40        do j=k+1, n
41           tmpx(list(k)) = tmpx(list(k)) - A(list(k),j)*tmpx(list(j))
42        end do
43        tmpx(list(k)) = tmpx(list(k)) / A(list(k),k)
44     end do
45     ! ピボット選択による入れ替えを考慮して並び替えなおす
46     do k=1, n; x(k) = tmpx(list(k)); end do
47   end subroutine MyLUsolve
48 end module procedures
```

ソースコード　**F5.7**　LU分解法（部分ピボット選択あり）プログラム
5_3_lu_solv_pv_body.f90

```
C:
$ ./5_3_lu_solv_pv_c
Theoretical result:
A_orig * x_orig = b_orig
 0.000000 0.810605 0.167773 0.892790 x 0.958999 = 1.656412
 0.695354 0.395193 0.815091 0.288991   0.964126   1.576907
 0.530556 0.875425 0.738552 0.095872   0.323156   1.679618
 0.687480 0.999557 0.464179 0.942138   0.919219   2.639025
Calculated result:
A_orig * x = b
 0.000000 0.810605 0.167773 0.892790 x 0.958999 = 1.656412
 0.695354 0.395193 0.815091 0.288991   0.964126   1.576907
 0.530556 0.875425 0.738552 0.095872   0.323156   1.679618
 0.687480 0.999557 0.464179 0.942138   0.919219   2.639025


Fortran:
$ ./5_3_lu_solv_pv_f
Theoretical result:
A_orig * x_orig = b_orig
   0.000000  0.394613  0.266816  0.375950  x  0.013448 = 0.124590
   0.598302  0.656878  0.141134  0.036594     0.023094   0.051759
   0.037889  0.804079  0.150506  0.558249     0.150247   0.153636
   0.492896  0.103716  0.160385  0.589100     0.200526   0.151251
Calculated result:
A_orig * x = b
   0.000000  0.394613  0.266816  0.375950  x  0.013448 = 0.124590
   0.598302  0.656878  0.141134  0.036594     0.023094   0.051759
   0.037889  0.804079  0.150506  0.558249     0.150247   0.153636
   0.492896  0.103716  0.160385  0.589100     0.200526   0.151251
```

LU 分解法（部分ピボット選択あり）実行結果例

問題 5.4（三重対角に対する LU 分解法）　計算手順自体は通常の LU 分解法と同様であるが，配列の構造が異なることと参照範囲が限定されている点に注意する必要がある．具体的な回答例は Web で配布するソースコード例にて紹介する．

第6章

連立一次方程式の反復解法と固有値問題

本章は2つの内容がある.

前半の内容は反復解法である. 前章では連立一次方程式において, 数学的に厳密な解を求める直接解法を説明した. この章では, 反復計算をすることで近似的な解を求める反復解法を説明する. 反復解法は直接解法とは異なり, 対象となる行列の零要素を増やすことなく計算を進めることが可能である. そのため場合によっては, 直接解法より高速となる. ただし反復解法の特性上, 解の収束までの効率が問題となる. 解へ収束しない場合は求解ができないので致命的である. 「より深く学ぶために」として, 解への収束を加速させる方法を簡単に説明する.

後半の内容は, 固有値問題の解法である. 固有値問題の解法は近似解法であり, 固有値と固有ベクトルを求める解法は反復解法になる. 固有値問題の解法は多岐にわたるため, 紙面の都合から本書では網羅的な解説を行えない. そこで基本的な解法について説明するに留める. 特に, 固有値問題において重要となる行列の分解について複数の方法を示し, それを用いる代表的な数値計算の方法について解説する.

6.1 定常反復解法

いま, 連立一次方程式 $Ax = b$ の行列 $A \in \mathbb{R}^{n \times n}$ を

$$A = M - N \tag{6.1}$$

と, 2つの行列 M, $N \in \mathbb{R}^{n \times n}$ で分けることができるとする. このとき, 連立一次方程式 $Ax = b$ から導出される以下の反復式

$$Mx_{k+1} = Nx_k + b \tag{6.2}$$

で, 近似解 $x_{k+1} \in \mathbb{R}^n$ を更新していく. このとき, M は逆行列をもつとする. すなわち, M は正則とすると, 式 (6.2) は

$$x_{k+1} = M^{-1}Nx_k + M^{-1}b \tag{6.3}$$

となる. 式 (6.3) を用いて, 反復して近似解 x を求める方法を, **定常反復法** (stationary iterative methods) とよぶ.

以降, 定常反復法に分類されるアルゴリズムについて説明する.

6.2 Jacobi 法

6.2.1 Jacobi 法の導出

行列 A を

$$A = A_D + A_L + A_U \tag{6.4}$$

とする．ここで，A_D は A の対角部分，A_L は A の対角を除いた下三角部分，A_U は A の対角を除いた上三角部分である．

このとき，定常反復法の式 (6.2) において，$M = A_D$, $N = A_D - A$ とおくと，

$$A_D x_{k+1} = -(A_L + A_U)x_k + b \tag{6.5}$$

となる．この式 (6.5) で近似解を得る方法を，Jacobi 法 (Jacobi method) とよぶ．

いま解ベクトル x_k の i 番目の要素を $x_i^{(k)}$ と記載する．このとき，Jacobi 法は以下になる．

$$x_i^{(k+1)} = \frac{1}{a_{ii}} \left(b_i - \sum_{j=1}^{i-1} a_{ij} x_j^{(k)} - \sum_{j=i+1}^{n} a_{ij} x_j^{(k)} \right), \ (j = 1, 2, \cdots, n) \tag{6.6}$$

6.2.2 Jacobi 法のアルゴリズム

式 (6.6) をもとにした Jacobi 法のアルゴリズムをアルゴリズム 6.1 に示す．アルゴリズム 6.1 では，8 行目で式 (6.6) の最初の総和計算，10 行目で次の総和計算をしている．

アルゴリズム 6.1 | Jacobi 法のアルゴリズム

```
1  // 初期ベクトルの設定
2  for (i=0; i<n; i++) x_old[i] = 0.0;
3  // Jacobi法による反復
4  for (iter=1; iter<MAX_ITER; iter++) {
5    diff = 0.0;
6    for (i=0; i<n; i++) {
7      dtemp = 0.0;
8      for (j=0; j<=i-1; j++) dtemp += A[i][j] * x_old[j];
9      dtemp2 = 0.0;
10     for (j=i+1; j<n; j++) dtemp2 += A[i][j] * x_old[j];
11     x[i] = (b[i] - dtemp - dtemp2) / A[i][i];
12     diff += (x[i] - x_old[i]) * (x[i] - x_old[i]);
13   }
14   dtemp = sqrt(diff);
15   // 収束判定
16   if (dtemp < EPS) break;
17   // ベクトル更新
18   for (i=0; i<n; i++) x_old[i] = x[i];
19 }
```

（計算例） Jacobi 法による計算

$n = 10$ の以下の行列に対する解ベクトルを Jacobi 法で計算する.

$$
A = \begin{pmatrix}
4 & -1 & & & \\
-1 & 4 & -1 & & \\
& \ddots & \ddots & \ddots & \\
& & -1 & 4 & -1 \\
& & & -1 & 4
\end{pmatrix}
\tag{6.7}
$$

ここで，右辺ベクトル b は，解ベクトル x が 1 ベクトルとなるように，$b = Ax$ で設定する.
また，$x_i^{(k)}$ と $x_i^{(k+1)}$, $(i = 1, 2, \cdots, n)$ の差が 0 とみなせる値（EPS）になれば終了する. ここで，EPS = 1.0e-8 と設定した.

以下に実行結果例を示す.

```
Iter: 1, err: 1.767767e+00
Iter: 2, err: 7.756046e-01
Iter: 3, err: 3.630922e-01
Iter: 4, err: 1.723183e-01
Iter: 5, err: 8.224025e-02
...
Iter: 20, err: 1.341480e-06
Iter: 21, err: 6.435635e-07
Iter: 22, err: 3.087449e-07
Iter: 23, err: 1.481184e-07
Iter: 24, err: 7.105892e-08
Iter: 25, err: 3.409015e-08
Iter: 26, err: 1.635458e-08
Iter: 27, err: 7.846036e-09
Converged. Iter:27
N = 10
Calculated Error: 7.235097e-09
```

この条件では，27 回の反復で収束している. また，x は 1 ベクトルと設定したため，真の解からの誤差が評価できる. この場合は，$||b - Ax||_2$ の誤差尺度において，7.235097e-09 の精度で解が求まった.

6.3　Gauss-Seidel 法

6.3.1　Gauss-Seidel 法の導出

前節の Jacobi 法では，式 (6.6) より，近似解 x_{k+1} は，1 つ前の反復における解ベクトル x_k から求めた. しかし，近似解 x_{k+1} の i 要素を見ると，1〜$i-1$ までの要素が求まっていることがわかる. そこで，最新の要素値を利用して計算すると，収束の加速が期待できる. この考

え方を利用すると，以下の式となる．

$$x_i^{(k+1)} = \frac{1}{a_{ii}} \left(b_i - \sum_{j=1}^{i-1} a_{ij} x_j^{(k+1)} - \sum_{j=i+1}^{n} a_{ij} x_j^{(k)} \right), \ (j = 1, 2, \cdots, n). \tag{6.8}$$

この式 (6.8) で近似解を得る方法を，Gauss-Seidel (ガウス・ザイデル) 法 (Gauss-Seidel method) とよぶ．

式 (6.8) は，以下の計算をしているとみなせる．

$$(A_D + A_L)x_{k+1} = -A_U x_k + b. \tag{6.9}$$

6.3.2　Gauss-Seidel 法のアルゴリズム

式 (6.8) をもとにした Gauss-Seidel 法のアルゴリズムをアルゴリズム 6.2 に示す．

アルゴリズム 6.2　Gauss-Seidel 法のアルゴリズム

```
1  // 初期ベクトル
2  for (i=0; i<n; i++) x[i] = 0.0;
3  // Gauss-Seidel法による反復
4  for (iter=1; iter<MAX_ITER; iter++) {
5    diff = 0.0;
6    for (i=0; i<n; i++) {
7      dtemp = 0.0;
8      for (j=0; j<=i-1; j++) dtemp += A[i][j] * x[j];
9      dtemp2 = 0.0;
10     for (j=i+1; j<n; j++) dtemp2 += A[i][j] * x[j];
11     dtemp3 = (b[i] - dtemp - dtemp2) / A[i][i];
12     diff += (x[i] - dtemp3) * (x[i] - dtemp3); x[i] = dtemp3;
13   }
14   dtemp = sqrt(diff);
15   // 収束判定
16   if (dtemp < EPS) break;
17 }
```

（計算例）Gauss-Seidel 法による計算

$n = 10$ の以下の行列に対する解ベクトルを Gauss-Seidel 法で計算する．以下の行列 A は，Jacobi 法では収束しない例である．

$$A = \begin{pmatrix} 10 & 9 & 8 & \cdots & 2 & 1 \\ 9 & 9 & 8 & \cdots & 2 & 1 \\ 8 & 8 & 8 & \cdots & 2 & 1 \\ \vdots & \vdots & \vdots & \cdots & 2 & 1 \\ 1 & 1 & 1 & \cdots & 1 & 1 \end{pmatrix} \tag{6.10}$$

　ここで，右辺ベクトル b は，解ベクトル x が1ベクトルとなるように，$b = Ax$ で設定する．また，$x_i^{(k)}$ と $x_i^{(k+1)}$，$(i = 1, 2, \cdots, n)$ の差が0とみなせる値（EPS）になれば終了する．ここで，EPS = 1.0e-8 と設定した．

　以下に実行結果例を示す．

```
Iter: 1, err: 5.700877e+00
Iter: 2, err: 2.371708e+00
Iter: 3, err: 1.185854e+00
Iter: 4, err: 5.929271e-01
Iter: 5, err: 2.964635e-01
...
Iter: 25, err: 2.827297e-07
Iter: 26, err: 1.413648e-07
Iter: 27, err: 7.068241e-08
Iter: 28, err: 3.534121e-08
Iter: 29, err: 1.767060e-08
Iter: 30, err: 8.835302e-09
Converged. Iter:30
N  = 10
Gauss-Seidel iteration time  = 0.015000 [sec.]
Calculated Error: 8.835302e-09
```

　以上から，この条件では，30回の反復で収束している．また，x は1ベクトルと設定したため，真の解からの誤差が評価できる．この場合は，$||b - Ax||_2$ の誤差尺度において，8.835302e-09 の精度で解が求まった．

6.4　SOR法

6.4.1　SOR法の導出

　ここでは，パラメタを導入することで，これまでの定常反復解法を拡張することを考える．いまスカラ値 $\omega \in \mathbb{R}$ を導入する．このとき，

$$M = (A_D + \omega A_L)/\omega, \tag{6.11}$$
$$N = ((1 - \omega)A_D - \omega A_U), \tag{6.12}$$

とおく．そうすると，以下の式を得る．

$$(A_D + \omega A_L)x_{k+1} = ((1 - \omega)A_D - \omega A_U)x_k + b \tag{6.13}$$

　式 (6.13) で近似解を得る方法を，SOR法（Successive Over-Relaxation method, **逐次加速緩和法**）とよぶ．

　ここで，パラメタの ω を**緩和係数**とよぶ．$\omega = 1$ のとき，Gauss-Seidel法になることがわかる．そのため，式 (6.13) は，Gauss-Seidel法からの拡張ともみなせる．

　いま式 (6.13) を，要素ごとに書き下すと

$$\begin{pmatrix} a_{11} & 0 & \cdots & 0 \\ \omega a_{21} & a_{22} & \cdots & 0 \\ \vdots & \vdots & \ddots & \vdots \\ \omega a_{n1} & \omega a_{n2} & \ddots & a_{nn} \end{pmatrix} \begin{pmatrix} x_1^{(k+1)} \\ x_2^{(k+1)} \\ \vdots \\ x_n^{(k+1)} \end{pmatrix}$$

$$= \begin{pmatrix} (1-\omega)a_{11} & -\omega a_{21} & \cdots & -\omega a_{n1} \\ 0 & (1-\omega)a_{22} & \cdots & -\omega a_{n2} \\ \vdots & \vdots & \ddots & \vdots \\ 0 & 0 & \cdots & (1-\omega)a_{nn} \end{pmatrix} \begin{pmatrix} x_1^{(k)} \\ x_2^{(k)} \\ \vdots \\ x_n^{(k)} \end{pmatrix} + \begin{pmatrix} b_1 \\ b_2 \\ \vdots \\ b_n \end{pmatrix} \quad (6.14)$$

となる．これから，以下の式 (6.15) を得る．

$$x_i^{(k+1)} = x_i^{(k)} + \omega \left(\frac{1}{a_{ii}} \left(b_i - \sum_{j=1}^{i-1} a_{ij} x_j^{(k+1)} - \sum_{j=i+1}^{n} a_{ij} x_j^{(k)} \right) - x_i^{(k)} \right),$$
$$(j = 1, 2, \cdots, n). \quad (6.15)$$

6.4.2 SOR法のアルゴリズム

式 (6.15) をもとにした SOR 法のアルゴリズムをアルゴリズム 6.3 に示す．

アルゴリズム 6.3　SOR法のアルゴリズム

```
1  // 初期ベクトル
2  for (i=0; i<n; i++) x[i] = 0.0;
3  // SOR法による反復
4  for (iter=1; iter<MAX_ITER; iter++) {
5    diff = 0.0;
6    for (i=0; i<n; i++) {
7      dtemp = 0.0;
8      for (j=0; j<=i-1; j++) dtemp += A[i][j] * x[j];
9      dtemp2 = 0.0;
10     for (j=i+1; j<n; j++) dtemp2 += A[i][j] * x[j];
11     dtemp3 = x(i) + omega * ( (b[i] - dtemp - dtemp2) / A[i][i] - x[i] );
12     diff += (x[i] - dtemp3) * (x[i] - dtemp3); x[i] = dtemp3;
13   }
14   dtemp = sqrt(diff);
15   // 収束判定
16   if (dtemp < EPS) break;
17 }
```

（計算例） SOR 法による計算

$n = 10$ のとき，式 (6.7) の行列 A を Gauss-Seidel 法で計算する．ここで右辺ベクトル b は，解ベクトル x が 1 ベクトルとなるように $b = Ax$ で設定する．

また，$x_i^{(k)}$ と $x_i^{(k+1)}$, $(i = 1, 2, \cdots, n)$ の差が 0 とみなせる値（EPS）になれば終了する．ここで，EPS = 1.0e-8 と設定した．また，緩和係数 Omega = 1.06 に設定した．

以下に実行結果例を示す．

```
Iter: 1, err: 2.408939e+00
Iter: 2, err: 6.097065e-01
Iter: 3, err: 1.598164e-01
Iter: 4, err: 4.162978e-02
Iter: 5, err: 1.074114e-02
Iter: 6, err: 2.734403e-03
Iter: 7, err: 6.826175e-04
Iter: 8, err: 1.652473e-04
Iter: 9, err: 3.785608e-05
Iter: 10, err: 7.627891e-06
Iter: 11, err: 3.850611e-07
Iter: 12, err: 4.554626e-08
Iter: 13, err: 4.701259e-09
Converged. Iter:13
N  = 10
SOR iteration time  = 0.000000 [sec.]
Calculated Error: 5.460486e-10
```

以上から，この条件では，13 回の反復で収束している．また，x は 1 ベクトルと設定したため，真の解からの誤差が評価できる．この場合は，$||b - Ax||_2$ の誤差尺度において，5.460486e-10 の精度で解が求まった．同様の行列 A で，Jacobi 法では 27 回の反復であったが，SOR 法で 13 回の反復に加速されることがわかった．

6.5 定常反復法の収束性

一般に，反復解法が収束するかどうかは重要な問題である．そこで，定常反復解法の収束性について簡単に説明する．

いま，$x^* \in \mathbb{R}^n$ を $Ax = b$ の真の解とする．ここで，近似解 x_k の誤差 $e_k \in \mathbb{R}^n$ は

$$e_k = x_k - x^* = M^{-1}Ne_k \tag{6.16}$$

なので，各反復 $k = 0, 1, \cdots, k - 1$ を考慮すると

$$e_k = (M^{-1}N)^k e_0 \tag{6.17}$$

となる．ここで，

$$||e_k|| = ||(M^{-1}N)^k e_0|| \leq ||(M^{-1}N)||^k ||e_0|| \tag{6.18}$$

で, 上限を見積もることができる.

式 (6.18) の乗数 $||(M^{-1}N)||^k$ に注目すると

$$||(M^{-1}N)|| < 1 \tag{6.19}$$

であれば, 真の解からの誤差 e_k は, k を大きくとると 0 になることが期待できる. すなわち, 反復を続けていくと真の解へ収束する.

式 (6.19) の条件を満たすには, 行列 $||(M^{-1}N)||$ のすべての固有値の絶対値が 1 未満であればよい. そのため, この性質を利用すると, 定常反復解法の収束性を調べることができる.

6.6 固有値問題とは

実数の密行列を $A \in \mathbb{R}^{n \times n}$ とする.

$$Ax = \lambda x \tag{6.20}$$

の, $x \in \mathbb{R}^n$ を, **固有ベクトル** (eigenvector), $\lambda \in \mathbb{R}$ を **固有値** (eigenvalue) という.

また, 式 (6.20) の固有値問題のことを, **標準固有値問題** (standard eigenproblem) という.

固有値がすべて分離している場合, 式 (6.20) の固有値と固有ベクトルは n 個ある. すなわち,

$$Ax_i = \lambda_i x_i, \ (i = 1, 2, \cdots, n) \tag{6.21}$$

となる.

いま, すべての固有値を対角に並べた行列 $\Lambda = diag(\lambda_1, \lambda_2, \cdots, \lambda_n) \in \mathbb{R}^{n \times n}$, すべての固有ベクトルを並べた行列 $X = (x_1, x_2, \cdots, x_n) \in \mathbb{R}^{n \times n}$ とすると,

$$AX = X\Lambda \tag{6.22}$$

となる. 式 (6.20) の X が正則のとき, 以下の行列 A に関する分解ができる.

$$A = X\Lambda X^{-1} \tag{6.23}$$

式 (6.23) を, **固有分解** (eigen decomposition) とよぶ.

固有値問題の解法は, 近似的に固有値と固有ベクトルを求める反復解法になる. ここでは, 標準固有値問題の解法について紹介する.

6.7 べき乗法

6.7.1 べき乗法の導出

べき乗法 (power method) は, 標準固有値問題の最大固有値と, それに付随する固有ベクトルを計算するアルゴリズムである.

　いま，行列 A の固有値を絶対値の大きい方から整列する．また，重複していない固有値であるとして，$\lambda_1,\ \lambda_2,\ \cdots,\ \lambda_n \in \mathbb{R}$ とする．それぞれ直交するベクトルを，$x_1,\ x_2,\ \cdots,\ x_n \in \mathbb{R}^n$ とする．このとき，任意のベクトル $u \in \mathbb{R}^n$ は，以下の線形結合で表される．

$$u = c_1 x_1 + c_2 x_2 + \cdots + c_n x_n \tag{6.24}$$

ここで，$c_i \in \mathbb{R},\ (i = 1, 2, \cdots, n)$ である．

　式 (6.24) に，左から A を作用させると

$$Au = A(c_1 x_1 + c_2 x_2 + \cdots + c_n x_n) \tag{6.25}$$

である．また，式 (6.20) を考慮すると

$$
\begin{aligned}
Au &= c_1 \lambda_1 x_1 + c_2 \lambda_2 x_2 + \cdots + c_n \lambda_n x_n \\
&= \lambda_1 \left(c_1 x_1 + c_2 \frac{\lambda_2}{\lambda_1} x_2 + \cdots + c_n \frac{\lambda_n}{\lambda_1} x_n \right)
\end{aligned}
\tag{6.26}
$$

となる．

　そこで，Au の積を k 回行うと，

$$A^k u = \lambda_1^k \left(c_1 x_1 + c_2 \left(\frac{\lambda_2}{\lambda_1} \right)^k x_2 + \cdots + c_n \left(\frac{\lambda_n}{\lambda_1} \right)^k x_n \right) \tag{6.27}$$

となる．すなわち，k が増えていくと，だんだん x_1 以外のベクトルの係数が小さくなっていくことがわかる．そのため反復，すなわち，Au の行列とベクトルの積を繰り返すにつれて，最大固有値と，それに付随する固有ベクトルに収束することがわかる．

　実際の計算では，少し工夫をする．いま，内積を (x, y) と記載する．このとき，以下の1ステップ進んだベクトル $A^{k+1}u$ について，自分との内積値と現在のベクトル $A^k u$ との内積値との比の計算を考える．

$$
\begin{aligned}
\frac{(A^{k+1}u, A^{k+1}u)}{(A^{k+1}u, A^k u)} &= \frac{\sum_{i=1}^{n} \sum_{j=1}^{n} c_i c_j \lambda_i^{k+1} \lambda_j^{k+1} (x_i, x_j)}{\sum_{i=1}^{n} \sum_{j=1}^{n} c_i c_j \lambda_i^{k+1} \lambda_j^{k} (x_i, x_j)} \\
&= \frac{\lambda_1^{2k+2} \left(c_1^2 |x_1|^2 + \sum_{i=2}^{n} c_i^2 \left(\frac{\lambda_i}{\lambda_1} \right)^{2k+2} |x_i|^2 \right)}{\lambda_1^{2k+1} \left(c_1^2 |x_1|^2 + \sum_{i=2}^{n} c_i^2 \left(\frac{\lambda_i}{\lambda_1} \right)^{2k+1} |x_i|^2 \right)}
\end{aligned}
\tag{6.28}
$$

　以上から，

$$\lim_{k \to \infty} \frac{(A^{k+1}u, A^{k+1}u)}{(A^{k+1}u, A^k u)} = \lambda_1 \tag{6.29}$$

となるため，この内積の比を λ_1 の近似値に使えばよい．

6.7.2　べき乗法のアルゴリズム

　アルゴリズム 6.4 にべき乗法のアルゴリズムを示す．

アルゴリズム 6.4　べき乗法のアルゴリズム

```
1  適当な初期ベクトル x を作り，正規化する;
2  λ₀ = 0.0;  i = 1;
3  while (1) {
4    行列積 y = Ax;
5    近似固有値 λᵢ = (y,y)/(y,x) を計算;
6    if (|λᵢ - λᵢ₋₁| < EPS) {
7      break;
8    } else {
9      x を正規化して x = y;
10   }
11   i = i + 1;
12 }
```

（計算例）べき乗法による最大固有値と固有ベクトルの計算

$n = 100$ として $[0,1]$ の乱数からなる対称行列を A とする．また，$x_i^{(k)}$ と $x_i^{(k+1)}$, $(i = 1,2,\cdots,n)$ の差が 0 とみなせる値（EPS）になれば終了する．ここで，EPS = 1.0e-16 と設定した．以下に実行結果例を示す．

```
Iter: 1, err 5.011071e+01
Iter: 2, err 1.204027e-01
Iter: 3, err 6.687377e-04
Iter: 4, err 3.984024e-06
Iter: 5, err 2.324040e-08
Iter: 6, err 1.104681e-10
Iter: 7, err 8.526513e-14
Iter: 8, err 3.552714e-14
Iter: 9, err 0.000000e+00
N  = 100
Eigenvalue = 5.023179e+01
Iteration Number: 9
Residual 2-Norm ||A x - lambda x||_2  = 7.952936e-08
```

以上から，この場合は 9 回の反復で収束し，最大固有値 5.023179e+01 を得た．また，残差ベクトルの 2 ノルム $||Ax - \lambda x||_2$ の誤差尺度で，7.952936e-08 の精度で計算されている．

6.8　QR 法

6.8.1　QR 法の導出

ここでは，標準固有値問題のすべての固有値が計算できるアルゴリズムでよく使われる QR 法 (QR method) について解説する．

　　いま，実数の密行列を $A_k \in \mathbb{R}^{n \times n}$ とする．このとき，直交行列 $Q_k \in \mathbb{R}^{n \times n}$，および，対角要素が正の上三角行列 $R_k \in \mathbb{R}^{n \times n}$ の分解

$$A_k = R_k Q_k \tag{6.30}$$

を QR 分解 (QR decomposition) とよぶ．

　　次に，以下の行列積を行うことで，$k+1$ のときの行列 A_{k+1} を作る．

$$A_{k+1} = Q_k R_k, \tag{6.31}$$

ただし，$A_1 = A$ とする．式 (6.30) と式 (6.31) を繰り返すと，行列 A_{k+1} の対角要素に固有値が並ぶ．以上の方法が，QR 法である．

　　QR 法のアルゴリズムは単純であり，式 (6.30) の QR 分解と，式 (6.31) の RQ の積を繰り返すだけである．ただし，QR 分解の方法は，QR 分解ができるのであればどのようなアルゴリズムを使ってもよい．QR 分解の導出方法は，いくつか知られている．ここでは，著名な 3 つの方法について紹介する．

6.8.2　Givens 回転による QR 分解

(1)　Givens 回転による QR 分解の導出

　　まず Givens（ギブンズ）回転 (Givens rotation) による QR 分解では，回転行列を用いて要素を消去することで QR 分解を行う．

　　いま，行列 $G_n(i,j,\theta) \in \mathbb{R}^{n \times n}$ を考える．$G_n(i,j,\theta)$ は，単位行列 I の，i 行と j 行，および，i 列と j 列の 4 要素に，三角関数を入れ込んだ行列である．それを，以下の式 (6.32) に示す．

$$G_n(i,j,\theta) = \begin{pmatrix} 1 & & & & & \\ & \ddots & & & & \\ & & \cos(\theta) & & \sin(\theta) & \\ & & & 1 & & \\ & & -\sin(\theta) & & \cos(\theta) & \\ & & & & & 1 \end{pmatrix} \tag{6.32}$$

式 (6.32) の行列は，ベクトルに対して行列積を行うと，i と j の要素を θ で回転させる行列であるため，回転行列という．

　　いま，ベクトル $a = (a_1, \cdots, a_i, \cdots, a_j, \cdots, a_n)^T \in \mathbb{R}^n$ に，式 (6.32) の行列を掛けると

- i 要素：$a_i \cos(\theta) + a_j \sin(\theta)$
- j 要素：$-a_i \sin(\theta) + a_j \cos(\theta)$

となる．

ここで, j 要素を消去したい場合は, $-a_i \sin(\theta) + a_j \cos(\theta) = 0$ から,

$$\tan(\theta) = \frac{a_j}{a_i} \tag{6.33}$$

となるように, θ を決めればよい.

以上の考え方を, 行列 A を上三角行列 R にする方法に適用するのが, Givens 回転による QR 分解である. いま単純化のため, A を 3×3 行列とする.

$$A = \begin{pmatrix} a_{11} & a_{12} & a_{13} \\ \underaccent{\sim}{a_{21}} & a_{22} & a_{23} \\ \underaccent{\sim}{a_{31}} & \underaccent{\sim}{a_{32}} & a_{33} \end{pmatrix}$$

この行列 A を上三角化するために消す要素は, a_{21}, a_{31}, a_{32} である. そのため, 以下の計算をすればよい.

$$G_3(1,2,\theta_3)G_3(1,3,\theta_2)G_3(2,3,\theta_1)A = R \tag{6.34}$$

一般に, $G_n(i,j,\theta)$ は直交行列 Q となる. なぜなら,

$$G_n(i,j,\theta)G_n(i,j,\theta)^T = I \tag{6.35}$$

となるからである. これは, 上記の積の対角要素は $\sin(\theta)^2 + \cos(\theta)^2 = 1$ となり, それ以外は $\sin(\theta)\cos(\theta) - \cos(\theta)\sin(\theta) = 0$ になることから示せる.

直交行列の積もまた, 直交行列である. そのため $G_3(1,2,\theta_3)G_3(1,3,\theta_2)G_3(2,3,\theta_1) = Q^T$ とすると, $Q^T A = R$. これより, $Q = G_3(1,2,\theta_3)^T G_3(1,3,\theta_2)^T G_3(2,3,\theta_1)^T$ となるため, 直交行列 Q も得られる. 以上から, QR 分解ができる.

(2) 実際の計算

実際の計算時には, $\cos(\theta)$ と $\sin\theta$ を計算する必要はない. いま, $c = \cos(\theta)$, $s = \sin\theta$ とする. このとき, $G_n(i,j,\theta) A$ において

- i,i 要素: $a_{ii} c + a_{ji} s$
- j,i 要素: $-a_{ii} s + a_{ji} c$

なので, j,i 要素を消したい場合は, $-a_{ii}s + a_{ji}c = 0$ となる. このことから,

$$s = \frac{a_{ji}}{d}, \; c = \frac{a_{ii}}{d}, \; d = \sqrt{a_{ii}^2 + a_{ji}^2} \tag{6.36}$$

を計算すればよい.

(3) R 行列の計算

Givens 回転による R 行列の計算の手順を考えよう. いま, 単純化して 3×3 行列で考える. このとき, 図6.1の演算となる.

$$R = \cdots \begin{pmatrix} c_2 & 0 & s_2 \\ 0 & 1 & 0 \\ -s_2 & 0 & c_2 \end{pmatrix} \begin{pmatrix} c_1 & s_1 & 0 \\ -s_1 & c_1 & 0 \\ 0 & 0 & 1 \end{pmatrix} \begin{pmatrix} a_{11} & a_{12} & a_{13} \\ a_{21} & a_{22} & a_{23} \\ a_{31} & a_{32} & a_{33} \end{pmatrix}$$

（$i=1$　$j=3$　$i=1$　$j=2$　$R[i][i]$　$R[j][i]$）

図 6.1　Givens 回転による R 行列計算の例

図 6.1 の計算の流れを考慮すると，$G_n(i,j,\theta)$ を作用させる場合は，アルゴリズム 6.5 になる．

アルゴリズム 6.5　Givens 法による R 行列の計算アルゴリズム

```
1 for (k=0; k<n; k++) {
2   R[ i ][ k ] =   R[ i ][ k ] * c + R[ j ][ k ] * s;
3   R[ j ][ k ] = - R[ i ][ k ] * s + R[ j ][ k ] * c;
4 }
```

---

(4)　Q 行列の計算

同様に，Givens 回転による Q 行列の計算の手順を考えよう．このとき，図 6.2 の演算となる．

$$Q = \begin{pmatrix} 1 & 0 & 0 \\ 0 & 1 & 0 \\ 0 & 0 & 1 \end{pmatrix} \begin{pmatrix} c_1 & -s_1 & 0 \\ s_1 & c_1 & 0 \\ 0 & 0 & 1 \end{pmatrix} \begin{pmatrix} c_2 & 0 & -s_2 \\ 0 & 1 & 0 \\ s_2 & 0 & c_2 \end{pmatrix} \cdots$$

（$Q[i][i]$　$Q[i][j]$　$i=1$　$j=2$　$i=1$　$j=3$）

図 6.2　Givens 回転による Q 行列計算の例

図 6.2 の計算の流れを考慮すると，$G_n(i,j,\theta)$ を作用させる場合は，アルゴリズム 6.6 になる．

(5)　Givens 回転による QR 分解を用いた QR 法のアルゴリズム

これまでの導出を考慮した，Givens 回転による QR 分解を用いた QR 法のアルゴリズムはアルゴリズム 6.7，アルゴリズム 6.8 になる．

アルゴリズム 6.6 Givens 法による Q 行列の計算アルゴリズム

```
1  for (k=0; k<n; k++) {
2    Q[ k ][ i ] =   Q[ k ][ i ] * c + Q[ k ][ j ] * s ;
3    Q[ k ][ j ] = - Q[ k ][ i ] * s + Q[ k ][ j ] * c ;
4  }
```

アルゴリズム 6.7 Givens 回転による QR 分解を用いた QR 法のアルゴリズム（1）

```
1  // 収束させたい固有値番号のループ（0番～n-1番）
2  for (i_eig=n-1; i_eig>=0; i_eig--) {
3    dlambda_bef = A[ i_eig ][ i_eig ];
4    // QR法の反復ループ
5    for (i_loop=1; i_loop<=MAX_ITER; i_loop++) {
6      // 初期R = A
7      for (i=0; i<=i_eig; i++) {
8        for (j=0; j<=i_eig; j++) {
9          R[ i ][ j ] = A[ i ][ j ];
10     } }
11     // 初期Q = I
12     for (i=0; i<=i_eig; i++) {
13       for (j=0; j<=i_eig; j++) {
14         Q[ i ][ j ] = 0.0;
15     } }
16     for (i=0; i<=i_eig; i++) Q[i][i] = 1.0;
17     // Givens 法によるQR分解
18     for (i=0; i<=i_eig; i++) {
19       for (j=i+1; j<=i_eig; j++) {
20         // Rを作る
21         d = sqrt ( R[ i ][ i ] * R[ i ][ i ] + R[ j ][ i ] * R[ j ][ i ] );
22         s = R[ j ][ i ] / d;  c = R[ i ][ i ] / d;
23       }
24       for (k=0; k<=i_eig; k++) {
25         dik = R[ i ][ k ];  djk = R[ j ][ k ];
26         R[ i ][ k ] = dik * c + djk * s;
27         R[ j ][ k ] = -dik * s + djk * c;
28       }
29       // Q を作る
30       for (k=0; k<=i_eig; k++) {
31         dki = Q[ k ][ i ];  dkj = Q[ k ][ j ];
32         Q[ k ][ i ] = dki * c + dkj * s;
33         Q[ k ][ j ] = - dki * s + dkj * c;
34  } } }
```

アルゴリズム 6.8　Givens 回転による QR 分解を用いた QR 法のアルゴリズム（2）

```
1    // RQの積
2    for (i=0; i<=i_eig; i++) {
3      for (j=0; j<=i_eig; j++) {
4        A[i][j] = 0.0;
5        for (k=0; k<=i_eig; k++) {
6          A[i][j] += R[i][k] * Q[k][j];
7      } }
8      // 収束判定
9      dlambda = A[ i_eig ][ i_eig ];
10     if (fabs( dlambda_bef - dlambda ) / fabs( dlambda ) < EPS) {
11       // 収束した
12       Lambda[ i_eig ] = A[ i_eig ][ i_eig ];  break;
13     } else {
14       // 収束しない
15       if (i_loop == MAX_ITER) { *n_iter = -i_eig;  return; }
16     }
17     // 現在の固有値近似値
18     dlambda_bef = dlambda;
19   } // 固有値反復の終わり
20 } // Givens 回転によるQR法のループの終わり
```

　　アルゴリズム 6.7 の 2 行目から，このアルゴリズムでは n-1 番の固有値が収束すると，n-2 番の固有値を計算するための行列 A は $(n-1) \times (n-1)$ となる．そのため 1 次元分，行列 A が小さくなっていく点に注意する．また，アルゴリズム 6.7 の 3 行目から，固有値の推定値は，A[i_eig][i_eig] の値をそのまま使っている．

Givens 回転による QR 分解の実行結果例

　　$n = 5$ として，以下の行列の全固有値を求める.

1	5.000000	4.000000	3.000000	2.000000	1.000000
2	4.000000	4.000000	3.000000	2.000000	1.000000
3	3.000000	3.000000	3.000000	2.000000	1.000000
4	2.000000	2.000000	2.000000	2.000000	1.000000
5	1.000000	1.000000	1.000000	1.000000	1.000000

　　なお，EPS = 1.0e-8 とする．以下に実行結果例を示す.

```
Converged:4 th eigenvalue with 35 iterations.
Converged:3 th eigenvalue with 1 iteration.
Converged:2 th eigenvalue with 1 iteration.
Converged:1 th eigenvalue with 1 iteration.
Converged:0 th eigenvalue with 1 iteration.

After A:
12.343538   0.000000   -0.000000    0.000000   -0.000000
 0.000000   1.448691    0.000000   -0.000000    0.000000
 0.000000   0.000000    0.582964    0.000000    0.000000
 0.000000   0.000000    0.000000    0.353253    0.000005
 0.000000   0.000000    0.000000    0.000005    0.271554

N  = 5
Givens QR time  = 0.000000 [sec.]
Eigenvalues :
 0 : 1.234354e+01
 1 : 1.448691e+00
 2 : 5.829645e-01
 3 : 3.532533e-01
 4 : 2.715541e-01
```

以上から，対角要素に固有値が並んでいることがわかる.

6.8.3　Householder 変換による QR 分解

(1)　Householder 変換

いま，ベクトル $v \in \mathbb{R}^n$ とする. このとき，以下の行列を考える.

$$H = I - \frac{2vv^T}{||v||_2} \tag{6.37}$$

式 (6.37) の行列は，ベクトル $y \in \mathbb{R}^n$ を，ある面に対して鏡のように映す変換になっている.
いま，簡単にするため，2次元で考える. このとき，写像 $Hy = y'$ は，図 6.3 のように説明できる. この写像 Hy を，Householder (ハウスホルダー) 変換 (Householder transformation) とよぶ. Householder 変換を使って，行列 A の QR 分解を考える.

(2)　R 行列の計算

いま，A を

$$A = \begin{pmatrix} \underline{a_{11}} & a_{12} & \cdots & a_{1n} \\ \underline{a_{21}} & a_{22} & \cdots & a_{2n} \\ \vdots & \vdots & \ddots & \vdots \\ \underline{a_{n1}} & a_{n2} & \cdots & a_{nn} \end{pmatrix}$$

とする. このとき，行列 A の第 1 列 (アンダーラインの要素) を使って，H におけるベクトル v を，以下のように取る.

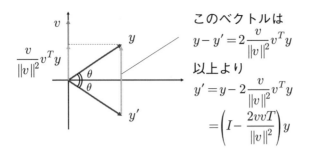

図 **6.3**　写像 Hy の説明

$$v_1 = \begin{pmatrix} \sigma_1 + a_{11} \\ a_{21} \\ \vdots \\ a_{n1} \end{pmatrix}, \tag{6.38}$$

ここで,

$$\sigma_1 = -sign(a_{11}) \sqrt{\sum_{i=1}^{n} a_{i1}^2} \tag{6.39}$$

である. なお, $sign(x)$ は, x が正のときは 1, 負のときは -1 を返す関数である.
　このとき,

$$H_1 = I - \frac{2v_1 v_1^T}{\|v_1\|^2} \tag{6.40}$$

とすると, $H_1 A$ は, Householder 変換が行列 A の第 1 列に対して行われる. ここで, 図 6.3 の内積 $v^T y$ を考えると, 行列 A の第 1 列の第 1 要素以外は, 同じベクトルの内積になるため, 0 ベクトルになる. よって, 以下の行列を得る.

$$H_1 A = \begin{pmatrix} \sigma_1 & a'_{12} & \cdots & a'_{1n} \\ 0 & a'_{22} & \cdots & a'_{2n} \\ 0 & \vdots & \ddots & \vdots \\ 0 & a'_{n2} & \cdots & a'_{nn} \end{pmatrix} \tag{6.41}$$

　次に, 2 列の要素 $a'_{22}, \cdots, a'_{n2}$ からなるベクトル v_2 について H_2 を作り, 同様な操作を行う. そうすると,

$$H_2 H_1 A = \begin{pmatrix} \sigma_1 & a'_{12} & a'_{13} & \cdots & a'_{1n} \\ 0 & \sigma_2 & a''_{23} & \cdots & a''_{2n} \\ 0 & 0 & a''_{33} & \cdots & a''_{3n} \\ \vdots & \vdots & \vdots & \ddots & \vdots \\ 0 & 0 & a''_{n3} & \cdots & a''_{nn} \end{pmatrix} \tag{6.42}$$

を得る．以上から，同様な手順を $n-1$ 回続けると，上三角行列 R が得られることがわかる．すなわち，

$$H_{n-1} \cdots H_2 H_1 A = R \tag{6.43}$$

となる．

(3) 実際の計算：R 行列

R の計算は，

$$A^{(2)} = H_1 R = \left(I - \frac{2v_1 v_1^T}{||v_1||^2} A \right) = A - \frac{2v_1 v_1^T}{||v_1||^2} A \tag{6.44}$$

となる．ここで，

$$\alpha = \frac{2}{||v_1||^2} \tag{6.45}$$

$$y^T = \alpha v_1^T A \tag{6.46}$$

とおくと

$$A^{(2)} = A - v_1 y^T \tag{6.47}$$

となる．以上を，$A = A^{(2)}$ から，$A^{(n-1)}$ まで繰り返すと $A^{(n-1)} = R$ を得る．

ただし，$A^{(2)}$ は，$n-1 \times n-1$ 行列であるため，変換を繰り返すと，どんどん更新対象の行列サイズが小さくなっていく点に注意する．

(4) Q 行列の計算

いま

$$Q = H_{n-1} \cdots H_2 H_1 \tag{6.48}$$

とする．ここで，H_1 は

$$\begin{aligned} H_1^T H_1 &= \left(I - \frac{2v_1 v_1^T}{||v_1||^2} \right)^T \left(I - \frac{2v_1 v_1^T}{||v_1||^2} \right) = \left(I - \frac{2v_1 v_1^T}{||v_1||^2} \right) \left(I - \frac{2v_1 v_1^T}{||v_1||^2} \right) \\ &= \left(I - \frac{2v_1 v_1^T}{||v_1||^2} - \frac{2v_1 v_1^T}{||v_1||^2} + \frac{2v_1 v_1^T}{||v_1||^2} \frac{2v_1 v_1^T}{||v_1||^2} \right) \end{aligned} \tag{6.49}$$

であり，

$$\frac{2v_1 v_1^T}{||v_1||^2} \frac{2v_1 v_1^T}{||v_1||^2} = \frac{4v_1 v_1^T}{||v_1||^2} \frac{v_1 v_1^T}{||v_1||^2} = \frac{4v_1 ||v_1||^2}{||v_1||^2} \frac{v_1^T}{||v_1||^2} = \frac{4v_1 v_1^T}{||v_1||^2} \tag{6.50}$$

したがって，

$$H_1^T H_1 = I \tag{6.51}$$

である．つまり，H_1 は直交行列である．

直交行列と直交行列の積は直交行列なので，Q は直交行列である．したがって，$QA = R$ となり，$A = Q^T R$ である．ここで，$Q^T = Q$ である．以上から，QR分解ができた．

(5)　実際の計算：Q 行列

Q の計算は

$$Q^{(2)} = QH_1 = Q\left(I - \frac{2v_1v_1^T}{||v_1||^2}A\right) = Q - Q\frac{2v_1v_1^T}{||v_1||^2} \tag{6.52}$$

である．ここで，

$$\alpha = \frac{2}{||v_1||^2} \tag{6.53}$$

$$y = \alpha Qv_1 \tag{6.54}$$

とおくと

$$Q^{(2)} = Q - yv_1^T \tag{6.55}$$

となる．以上を，$Q = Q^{(2)}$ から，$A^{(n-1)}$ まで繰り返すと $Q^{(n-1)} = Q$ を得る．ただし，$Q^{(2)}$ は，R とは異なり，$n \times n$ 行列となる．そのため，変換が進んでも更新対象の範囲は縮小しない．

(6)　Householder 変換による QR 分解を用いた QR 法のアルゴリズム

これまでの導出を考慮した，Householder 変換による QR 分解はアルゴリズム 6.9 になる．ここで，アルゴリズム 6.9 は QR 分解のみであるので注意する．

アルゴリズム 6.9 Householder 変換による QR 分解のアルゴリズム. QR 分解の部分のみ
である点に注意.

```
1  for (i=0; i<=i_eig-1; i++) {
2    // Rを作る -------------------------------------
3    for (j=0; j<=i_eig; j++) v[j] = 0.0;
4    sigma = 0.0;
5    for (j=i; j<=i_eig; j++) {
6      sigma += R[j][i] * R[j][i];  v[j] = R[j][i];
7    }
8    sigma = sqrt(sigma);
9    if (v[i] >= 0.0) v[i] = v[i] - sigma;
10   else v[i] = v[i] + sigma;
11   // alpha = 2 / || v ||²
12   alpha = 0.0;
13   for (j=i; j<=i_eig; j++) alpha += v[j] * v[j];
14   alpha = 2.0 / alpha;
15   // yᵀ = alpha * vᵀ A
16   for (j=i; j<=i_eig; j++) {
17     y[j] = 0.0;
18     for (k=i; k<=i_eig; k++) y[j] += v[k] * R[k][j];
19     y[j] = alpha * y[j];
20   }
21   // A = A - v yᵀ
22   for (j=i; j<=i_eig; j++){
23     for (k=i; k<=i_eig; k++){
24       R[j][k] -= v[j] * y[k];
25   } }
26   // Rの作成の終わり -----------------------------
27   // Qを作る -------------------------------------
28   // y = alpha * Q v
29   for (j=0; j<=i_eig; j++) {
30     y[j] = 0.0;
31     for (k=0; k<=i_eig; k++) y[j] += Q[j][k] * v[k];
32     y[j] = alpha * y[j];
33   }
34   // Q = Q - y vᵀ
35   for (j=0; j<=i_eig; j++) {
36     for (k=0; k<=i_eig; k++) {
37       Q[j][k] -= y[j] * v[k];
38   } }
39   // Qの作成の終わり -----------------------------
40 }
```

Householder 変換による QR 分解の実行結果例

　Givens 分解による QR 法と同じ行列と条件で，全固有値を求める．以下に実行結果例を
示す．

```
Converged:4 th eigenvalue with 35 iterations.
Converged:3 th eigenvalue with 1 iterations.
Converged:2 th eigenvalue with 1 iterations.
Converged:1 th eigenvalue with 1 iterations.
Converged:0 th eigenvalue with 1 iterations.

After A:
12.343538 0.000000 0.000000 0.000000 0.000000
0.000000 1.448691 0.000000 0.000000 -0.000000
-0.000000 0.000000 0.582964 0.000000 0.000000
0.000000 0.000000 0.000000 0.353253 0.000014
-0.000000 0.000000 0.000000 0.000014 0.271554

N  = 5
Householder QR time  = 0.000000 [sec.]
Eigenvalues :
 0 : 1.234354e+01
 1 : 1.448691e+00
 2 : 5.829645e-01
 3 : 3.532533e-01
 4 : 2.715541e-01
```

以上から，同様に対角要素に固有値が並ぶ．

6.8.4　Gram-Schmidt 直交化による QR 分解

(1)　Gram-Schmidt 直交化による QR 分解の導出

　Gram-Schmidt（グラム・シュミット）直交化 (Gram-Schmidt orthogonalization) とは，ベ
クトルを1本ずつ追加していき，それぞれを直交化していく方法である．ここでは，Gram-
Schmidt 直交化を用いた QR 分解を説明する．

　いま，$v_1 \in \mathbb{R}^n$ とする．ここで，直交化させるベクトル $v_2 \in \mathbb{R}^n$ をとる．このとき，図6.4
の手順を取る．図6.4では，v_2 の v_1 ベクトルへの射影は，$(v_2, e_1)\, e_1$ となる．ここで，(x, y)
は，ベクトル x とベクトル y の内積を示す．また，e_1 は v_1 を正規化したベクトルで，$v_1/\|v_1\|$
である．

　このとき，v_1 と直交したベクトル u_2 は

$$u_2 = v_2 - (v_2, e_1)e_1 \tag{6.56}$$

と計算できる．したがって，互いに直交したベクトル $u_1 = v_1$ と u_2 を得る．

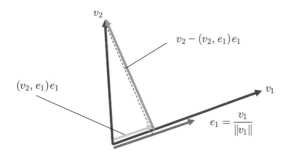

図 **6.4** Gram-Schmidt 直交化の例

以上を拡張すると，任意のベクトル $v_3, \cdots, v_n \in \mathbb{R}^n$ から，互いに正規直交なベクトル u_3, $\cdots, u_n \in \mathbb{R}^n$ を得る方法が得られる．具体的には，以下の手順で計算する．

$$u_1 = v_1, \ e_1 = \frac{u_1}{||u_1||}$$
$$u_2 = v_2 - (v_2, e_1)e_1, \ e_2 = \frac{u_2}{||u_2||}$$
$$u_3 = v_3 - (v_3, e_1)e_1 - (v_3, e_2)e_2, \ e_3 = \frac{u_3}{||u_3||}$$
$$\cdots$$
$$u_n = v_n - (v_n, e_1)e_1 - (v_n, e_2)e_2 - \cdots - (v_n, e_{n-1})e_{n-1}, \ e_n = \frac{u_n}{||u_n||} \tag{6.57}$$

(2) R および Q 行列の計算

式 (6.57) の Gram-Schmidt 法による直交化は，QR 分解そのものになっている．

いま，行列 A の第 i 行ベクトルから，ベクトル v_i を作る．それから，直交ベクトル u_i を式 (6.57) の手順で作る．このとき，直交行列 Q は，以下で構成できるのは自明である．

$$Q = (e_1, e_2, \cdots, e_n) \tag{6.58}$$

一方，上三角行列 R について考える．いま，v_i は A の第 i 行で形成されている．また，式 (6.57) から，以下になる．

$$
\begin{aligned}
A &= (v_1, v_2, \cdots, v_n) \\
&= QR \\
&= (e_1, e_2, \cdots, e_n)
\begin{pmatrix}
(v_1, e_1) & (v_2, e_1) & (v_3, e_1) & \cdots & (v_n, e_1) \\
 & (v_2, e_2) & (v_3, e_2) & \cdots & (v_n, e_2) \\
 & & (v_3, e_3) & \cdots & (v_n, e_3) \\
 & & & \ddots & \vdots \\
 & & & & (v_n, e_n)
\end{pmatrix} \tag{6.59}
\end{aligned}
$$

(3) Gram-Schmidt 直交化による QR 分解のアルゴリズム

式 (6.59) から，Gram-Schmidt 直交化による QR 分解はアルゴリズム 6.10 になる．

アルゴリズム 6.10 Gram-Schmidt 直交化による QR 分解.

```
 1  // Qの作成 -----------------------------------------
 2  for (i=0; i<=i_eig; i++) {
 3    for (j=0; j<=i_eig; j++) Q[j][i] = A[j][i];
 4    for (j=0; j<i; j++) {
 5      dcoef = 0.0;
 6      for (k=0; k<=i_eig; k++) dcoef += A[k][i] * Q[k][j];
 7      for (k=0; k<=i_eig; k++) Q[k][i] -= dcoef * Q[k][j];
 8    }
 9    // u_iの正規化
10    dtemp1 = 0.0;
11    for (j=0; j<=i_eig; j++) dtemp1 += Q[j][i] * Q[j][i];
12    dtemp1 = 1.0 / sqrt(dtemp1);
13    for (j=0; j<=i_eig; j++) Q[j][i] = Q[j][i] * dtemp1;
14  }
15  // Qの作成の終了 -----------------------------------
16  // Rの作成 -----------------------------------------
17  for (i=0; i<=i_eig; i++) {
18    for (j=0; j<=i_eig; j++) {
19      R[i][j] = 0.0;
20  } }
21  for (i=0; i<=i_eig; i++) {
22    for (j=0; j<=i; j++) {
23      R[j][i] = 0.0;
24      for (k=0; k<=i_eig; k++) R[j][i] += A[k][i] * Q[k][j];
25  } }
26  // Rの作成の終了 -----------------------------------
```

Gram-Schmidt 直交化による QR 分解の実行結果例

　Givens 分解による QR 法と同じ行列と条件で，全固有値を求める．以下に実行結果例を示す．

```
Converged:4 th eigenvalue with 35 iterations.
Converged:3 th eigenvalue with 1 iterations.
Converged:2 th eigenvalue with 1 iterations.
Converged:1 th eigenvalue with 1 iterations.
Converged:0 th eigenvalue with 1 iterations.
```

```
After A:
12.343538 -0.000000 0.000000 -0.000000 0.000000
0.000000 1.448691 0.000000 0.000000 0.000000
0.000000 0.000000 0.582964 0.000000 0.000000
0.000000 0.000000 0.000000 0.353253 0.000014
0.000000 0.000000 0.000000 0.000014 0.271554


N = 5
Gram-Schmidt QR time  = 0.000000 [sec.]
Eigenvalues :
 0 : 1.234354e+01
 1 : 1.448691e+00
 2 : 5.829645e-01
 3 : 3.532533e-01
 4 : 2.715541e-01
```

以上から，同様に対角要素に固有値が並ぶ.

6.8.5　QR 法の収束の加速

QR 法で実際の計算をする場合，反復回数を短くする工夫をしたアルゴリズムを用いる. この方法に，原点シフトがある.

原点シフト付き QR 法では，収束させようとしている固有値を $\mu_k \in \mathbb{R}$ とする. このとき，収束するまで以下の反復を繰り返す.

$$A_k - \mu_k I = Q_k R_k, \tag{6.60}$$
$$A_{k+1} = R_k Q_k + \mu_k I, \tag{6.61}$$

ここで，$k = 1, 2, \cdots$ である.

原点シフト付き QR 法を用いると，各固有値 μ_k の収束までの反復回数が減少するが，固有値は絶対値の大きい順番で A_k の対角線上に並ばなくなる.

また，固有値 μ_k の初期値の取り方でも収束が加速できる. たとえば，右下の 2×2 行列の固有値を求めてその固有値を近似値として利用するなど，固有値推定の戦略がある.

6.9　より深く学ぶために：解への収束の加速と固有値計算のアルゴリズム

ここでは，連立一次方程式の反復解法における解への収束の手法について説明する. また，前節で示したアルゴリズム以外の固有値問題の解法について，簡単に説明する.

6.9.1　疎行列反復解法と前処理

本章では，連立一次方程式の反復解法を取り扱った. では，どのようなときに反復解法を使うのだろうか.

　行列 A の要素に 0 が多い**疎行列**を LU 分解法で解くと，0 でない要素が増えていくことがわかる．つまり疎行列を取り扱ったにもかかわらず，演算量とメモリ量が増加してしまう．そのため，疎行列は反復解法で解くと，LU 分解法に対してメモリ量の削減と，解への収束が速い場合には演算量も削減できるメリットがある．

　一方，反復解法で解く場合には解への収束を高めることが，演算量の観点，すなわち実行時間から重要である．そのため，解への収束を高める**前処理** (preconditioner) を施すことが多い．前処理のための演算量が高いと収束を高める意味がなくなるため，なるべく演算量が少なく効果の大きな前処理が必要となる．また難しい問題の場合は，前処理をしないと解へ収束しないことがあるため重要である．

　$Ax = b$ とすると，前処理行列 P を左から掛けて，

$$PAx = Pb \qquad (6.62)$$

を考える．ここで，$PA \approx I$ となる $P \in \mathbb{R}^{n \times n}$ を演算量の低い方法で見つけられれば，解への収束が加速して高速化ができると期待される．ここで，$P = A^{-1}$ は LU 分解法そのものなので，計算量的にメリットがないことに注意する．この行列 P を作用させることを，**前処理**とよぶ．この前処理には，P を左から作用させる左前処理，および右から作用させる右前処理がある．

　前処理は疎行列の構造，すなわち，解くべき問題の性質を利用して構築されることが多い．たとえば，**不完全 Cholesky（コレスキー）分解** (incomplete Cholesky factorization) による前処理 (参考：(藤野・張，1996) [1]) がある．これは，LU 分解のような計算を非零要素部分だけすることで，低い計算量で A^{-1} を見積もる前処理である．

　高性能な前処理の研究は工学上の問題を解くうえで重要であり，現在も活発に研究されている．

6.9.2 固有値問題のその他の解法

　固有値問題は，対象となる行列の性質（対称／非対称，密行列／疎行列），および，計算対象（固有値のみ／固有値＋固有ベクトル，すべての固有値／一部の固有値）で適するアルゴリズムが異なり，解法は多岐にわたる．そのため，本書ではその一例を紹介する．詳しくは，(櫻井・松尾 他，2018) [10] を参照のこと．

　以下，標準固有値問題の解法の一例である．

- 対称行列用
  - 全固有値を計算する場合：Householder（ハウスホルダー）相似変換（三重対角化）を経由して，QR 法，MRRR 法，もしくは，分割統治法を利用する．
  - 一部の固有値と固有ベクトルを計算する場合：Householder 相似変換（三重対角化）を経由して，べき乗法，逆反復法，もしくは，櫻井–杉浦法を利用する．その後，Householder 逆変換を行う．
- 非対称行列用

- Householder 相似変換 (Hessenberg（ヘッセンベルク）化) を経由し，QR 法を適用する．

以上の**相似変換** (similarity transformation) とは，固有値を変えない変換のことである．本書で紹介した QR 法も相似変換になっており，元の行列 A の固有値を変えない変換である．以下に簡単に QR 法の相似変換を示す．

QR 法ではまず，行列 $A_i = QR$ として直交行列 Q と上三角行列 R に分解した．ここで，$R = Q^{-1}A_i$ である．次に，RQ の積を行って次の行列とした．すなわち，$A_{i+1} = RQ$ である．ここで先ほどの R を代入すると，$A_{i+1} = Q^{-1}A_iQ$ となる．ここで，$Q^{-1}A_iQ$ の積による変換は固有値を変えないことが知られている．この変換を相似変換とよぶ．

本書では紹介を割愛したが，Householder 変換を利用しても相似変換が可能である．これを，**Householder 相似変換**とよぶ．Householder 相似変換では，対称行列は三重対角行列に，非対称行列は Hessenberg 行列に変換できる．そのため，元の行列 A の固有値を求める目的で零要素の多い行列が利用できることから計算量を削減できる．

6.9.3　一般化固有値問題

標準固有値問題のほかには，**一般化固有値問題** (generalized eigenvalue problem) がある．一般化固有値問題は

$$Ax = \lambda Bx \tag{6.63}$$

を解く問題である．

式 (6.63) の行列 $B \in \mathbb{R}^{n \times n}$ が対称の場合は，対称行列に特化した LU 分解（Cholesky（コレスキー）**分解**とよぶ）を施すことで，比較的簡単に一般化固有値問題を解くことができる．

式 (6.63) の B が対称行列の場合，Cholesky 分解は $B = LL^T$ である．これから，$Ax = \lambda(LL^T)x$ に対して，$L^{-1}Ax = \lambda(L^Tx)$ から，$L^{-1}A(L^T)^{-1}(L^Tx) = \lambda(L^Tx)$ となる．ここで，$y = L^Tx$，および $\hat{A} = L^{-1}A(L^T)^{-1}$ とおく．

以上から $\hat{A}y = \lambda y$ となり，標準固有値に帰着できる．このため，一般化固有値問題を解く目的で標準固有値問題の解法が利用できる．

演習課題

問題 6.1（Jacobi 法） 6.2.2 項にて説明した Jacobi 法のアルゴリズム（アルゴリズム 6.1）を実装せよ．6.2.2 項に示した計算例と同様の実行結果が得られることを確認せよ．行列 A とベクトル b の初期値については，6.2.2 項に記されているとおり，行列 A は式 (6.7) に示す一辺の長さ n が 10 の三重対角行列，ベクトル b は行列 A と 1 ベクトル x の積を用いることで計算例と同様の条件となる．

問題 6.2（Gauss-Seidel 法）　6.3.2 項にて説明した Gauss-Seidel 法のアルゴリズム（アルゴリズム 6.2）を実装せよ．6.3.2 項に示した計算例と同様の実行結果が得られることを確認せよ．行列 A とベクトル b の初期値については，6.3.2 項に記されているとおり，行列 A は式 (6.10) に示す一辺の長さ n が 10 の行列，ベクトル b は行列 A と 1 ベクトル x の積を用いることで計算例と同様の条件となる．

問題 6.3（SOR 法）　6.4.2 項にて説明した SOR 法のアルゴリズム（アルゴリズム 6.3）を実装せよ．6.4.2 項に示した計算例と同様の実行結果が得られることを確認せよ．行列 A とベクトル b の初期値については，6.4.2 項に記されているとおり，行列 A は式 (6.7) に示す一辺の長さ n が 10 の三重対角行列，ベクトル b は行列 A と 1 ベクトル x の積を用いることで計算例と同様の条件となる．

問題 6.4（べき乗法）　6.7.2 項にて説明したべき乗法のアルゴリズム（アルゴリズム 6.4）を実装せよ．6.7.2 項の計算例に倣い，[0,1] の乱数からなる対象行列に対して計算を行い，固有値が算出されることを確認せよ．

問題 6.5（Givens 回転による QR 分解）　6.8.2 項にて説明した Givens 回転による QR 分解のアルゴリズム（アルゴリズム 6.7, 6.8）を実装せよ．6.8.2 項に示した計算例と同様の実行結果が得られることを確認せよ．

問題 6.6（Householder 変換による QR 分解）　6.8.3 項にて説明した Householder 変換による QR 分解のアルゴリズム（アルゴリズム 6.9）を実装せよ．6.8.3 項に示した計算例と同様の実行結果が得られることを確認せよ．

問題 6.7（Gram-Schmidt 直交化による QR 分解）　6.8.4 項にて説明した Gram-Schmidt 直交化による QR 分解のアルゴリズム（アルゴリズム 6.10）を実装せよ．6.8.4 項に示した計算例と同様の実行結果が得られることを確認せよ．

問題 6.8（原点シフト付き QR 法）　6.8.5 項にて説明した原点シフト付き QR 法を実装せよ．なお QR 分解の方法は，Givens 回転法，Househoder 法，Gram-Schmidt 直交化による方法のどれを使ってもよい．

プログラム解説

問題 6.1（Jacobi 法）　プログラム例をソースコード C6.1 およびソースコード F6.1 に示す．アルゴリズム 6.1 に示されているアルゴリズムを関数として実装した．収束時には break 文や exit 文の前にフラグ変数（converged 変数）を設定しておくことで，あとから収束したのか否かを容易に判別できるようにした．実行結果例は 6.2.2 項で紹介したとおりであるため省略する．

```c
#include <stdio.h>
#include <math.h>

#define MAX_ITER 50
#define EPS 1.0e-8

void MyJacobi
(int n, const double A[n][n], const double b[n], double x[n], double x_old[n]) {
  int i, j, iter, converged;
  double dtemp, dtemp2, diff;
  /* 初期ベクトルの設定 */
  for (i=0; i<n; i++) x_old[i] = 0.0;
  converged = 0;
  /* Jacobi法による反復 */
  for (iter=1; iter<MAX_ITER; iter++) {
    diff = 0.0;
    for (i=0; i<n; i++) {
      dtemp = 0.0;
      for (j=0; j<=i-1; j++) dtemp += A[i][j] * x_old[j];
      dtemp2 = 0.0;
      for (j=i+1; j<n; j++) dtemp2 += A[i][j] * x_old[j];
      x[i] = (b[i]-dtemp-dtemp2)/A[i][i];
      diff += (x[i] - x_old[i]) * (x[i] - x_old[i]);
    }
    dtemp = sqrt(diff);
    /* 収束判定 */
    printf("Iter: %d, err: %e\n", iter, dtemp);
    if (dtemp < EPS) {
      printf("Converged. Iter: %d\n", iter);
      converged = 1;
      break;
    }
    /* ベクトル更新 */
    for (i=0; i<n; i++) x_old[i] = x[i];
  }
  if (converged == 0) printf("Iteration is not converged! \n");
}
```

ソースコード **C6.1**　Jacobi 法プログラム 6_1_jacobi.c

```
 1  module procedures
 2  contains
 3    subroutine MyJacobi (n, A, b, x, x_old)
 4      integer,parameter                    :: MAX_ITER = 50
 5      real(kind=8),parameter               :: EPS = 1.0d-8
 6      integer,intent(in)                   :: n
 7      real(kind=8),dimension(N,N),intent(in) :: A
 8      real(kind=8),dimension(N),intent(in)   :: b
 9      real(kind=8),dimension(N),intent(out)  :: x, x_old
10      integer                              :: i, j, iter, converged
11      real(kind=8)                         :: dtemp, dtemp2, diff
12      ! 初期ベクトルの設定
13      do i=1, n; x_old(i) = 0.0d0; end do
14      converged = 0
15      ! Jacobi法による反復
16      do iter=1, MAX_ITER-1
17        diff = 0.0d0
18        do i=1, n
19          dtemp = 0.0d0
20          do j=1, i-1; dtemp = dtemp + A(i,j) * x_old(j); end do
21          dtemp2 = 0.0d0
22          do j=i+1, n; dtemp2 = dtemp2 + A(i,j) * x_old(j); end do
23          x(i) = (b(i)-dtemp-dtemp2)/A(i,i)
24          diff = diff + (x(i) - x_old(i)) * (x(i) - x_old(i))
25        end do
26        dtemp = sqrt(diff)
27        ! 収束判定
28        write(*,fmt='(a,i0,a,e13.7)') "Iter: ", iter, ", err: ", dtemp
29        if (dtemp < EPS) then
30          write(*,fmt='(a,i0)') "Converged. Iter: ", iter
31          converged = 1
32          exit
33        end if
34        ! ベクトル更新
35        do i=1, n; x_old(i) = x(i); end do
36      end do
37      if (converged == 0) write(*,fmt='(a)') "Iteration is not converged!"
38    end subroutine MyJacobi
39  end module procedures
```

ソースコード **F6.1** Jacobi法プログラム 6_1_jacobi.f90

問題 **6.2**（Gauss-Seidel 法）　　プログラム例をソースコード C6.2 およびソースコード F6.2 に示す．アルゴリズム 6.2 に示されているアルゴリズムを関数として実装した．実行結果例は 6.3.2 項で紹介したとおりであるため省略する．

```c
1  #include <stdio.h>
2  #include <math.h>
3
4  #define MAX_ITER 50
5  #define EPS 1.0e-8
6
7  void MyGaussSeidel (int n, const double A[n][n], const double b[n], double x[n]){
8    int i, j, iter, converged;
9    double dtemp, dtemp2, dtemp3, diff;
10   /* 初期ベクトル */
11   for (i=0; i<n; i++) x[i] = 0.0;
12   converged = 0;
13   /* Gauss-Seidel法による反復 */
14   for (iter=1; iter<MAX_ITER; iter++) {
15     diff = 0.0;
16     for (i=0; i<n; i++) {
17       dtemp = 0.0;
18       for (j=0; j<=i-1; j++) dtemp += A[i][j]*x[j];
19       dtemp2 = 0.0;
20       for (j=i+1; j<n; j++) dtemp2 += A[i][j]*x[j];
21       dtemp3 = (b[i]-dtemp-dtemp2)/A[i][i];
22       diff += (x[i]-dtemp3)*(x[i]-dtemp3);
23       x[i] = dtemp3;
24     }
25     dtemp = sqrt(diff);
26     printf("Iter: %d, err: %e\n", iter, dtemp);
27     /* 収束判定 */
28     if (dtemp < EPS) {
29       printf("Converged. Iter: %d\n", iter);
30       converged = 1;
31       break;
32     }
33   }
34   if (converged == 0) printf("Iteration is not converged!\n");
35 }
```

ソースコード **C6.2**　Gauss-Seidel 法 6_2_gauss_seidel.c

```
1  module procedures
2  contains
3    subroutine MyGaussSeidel (n, A, b, x)
4      integer,parameter                      :: MAX_ITER = 50
5      real(kind=8),parameter                 :: EPS = 1.0d-8
6      integer,intent(in)                     :: n
7      real(kind=8),dimension(N,N),intent(in)  :: A
8      real(kind=8),dimension(N),intent(in)   :: b
9      real(kind=8),dimension(N),intent(inout) :: x
10     integer                                :: i, j, iter, converged
11     real(kind=8)                           :: dtemp, dtemp2, dtemp3, diff
12     ! 初期ベクトル
13     do i=1, n; x(i) = 0.0d0; end do
14     converged = 0
15     ! Gauss-Seidel法による反復
16     do iter=1, MAX_ITER
17        diff = 0.0d0
18        do i=1, n
19           dtemp = 0.0d0
20           do j=1, i-1; dtemp = dtemp + A(i,j)*x(j); end do
21           dtemp2 = 0.0d0
22           do j=i+1, n; dtemp2 = dtemp2 + A(i,j)*x(j); end do
23           dtemp3 = (b(i)-dtemp-dtemp2)/A(i,i)
24           diff = diff + (x(i)-dtemp3)*(x(i)-dtemp3)
25           x(i) = dtemp3
26        end do
27        dtemp = sqrt(diff)
28        ! 収束判定
29        write(*,fmt='(a,i0,a,e13.7)') "Iter: ", iter, ", err: ", dtemp
30        if (dtemp < EPS) then
31           write(*,fmt='(a,i0)') "Converged. Iter: ", iter
32           converged = 1
33           exit
34        end if
35     end do
36     if (converged == 0) write(*,fmt='(a)') "Iteration is not converged!"
37   end subroutine MyGaussSeidel
38 end module procedures
```

ソースコード **F6.2**　Gauss-Seidel法 6_2_gauss_seidel.f90

問題 **6.3**（**SOR 法**）　プログラム例をソースコード C6.3 およびソースコード F6.3 に示す.
アルゴリズム 6.3 に示されているアルゴリズムを関数として実装した.　実行結果例は 6.4.2 項
で紹介したとおりであるため省略する.

```c
#include <stdio.h>
#include <math.h>

#define MAX_ITER 50
#define EPS 1.0e-8

void MySOR (int n, const double A[n][n], const double b[n], double x[n]) {
  int i, j, iter, converged;
  double dtemp, dtemp2, dtemp3, diff, omega;
  /* 緩和係数 */
  omega = 1.06;
  printf("omega = %f\n", omega);
  /* 初期ベクトル */
  for (i=0; i<n; i++) x[i] = 0.0;
  /* SOR法による反復 */
  converged = 0;
  for (iter=1; iter<MAX_ITER; iter++) {
    diff = 0.0;
    for (i=0; i<n; i++) {
      dtemp = 0.0;
      for (j=0; j<=i-1; j++) dtemp += A[i][j]*x[j];
      dtemp2 = 0.0;
      for (j=i+1; j<n; j++) dtemp2 += A[i][j]*x[j];
      dtemp3 = x[i] + omega * ((b[i] - dtemp - dtemp2) / A[i][i] - x[i]);
      diff += (x[i] - dtemp3) * (x[i] - dtemp3);
      x[i] = dtemp3;
    }
    dtemp = sqrt(diff);
    /* 収束判定 */
    printf("Iter: %d, err: %e\n", iter, dtemp);
    if (dtemp < EPS) {
      printf("Converged. Iter: %d\n", iter);
      converged = 1;
      break;
    }
  }
  if (converged == 0) printf("Iteration is not converged!\n");
}
```

ソースコード **C6.3**　SOR 法プログラム 6_3_sor.c

```fortran
module procedures
contains
  subroutine MySOR (n, A, b, x)
    integer,parameter                      :: MAX_ITER = 50
    real(kind=8),parameter                 :: EPS = 1.0d-8
    integer,intent(in)                     :: n
    real(kind=8),dimension(N,N),intent(in) :: A
    real(kind=8),dimension(N),intent(in)   :: b
    real(kind=8),dimension(N),intent(inout) :: x
    integer                                :: i, j, iter, converged
    real(kind=8)                           :: dtemp, dtemp2, dtemp3, diff, omega
    ! 緩和係数
    omega = 1.06d0
    write(*,fmt='(a,f10.6)') "omega = ", omega
    ! 初期ベクトル
    do i=1, n; x(i) = 0.0d0; end do
    ! SOR法による反復
    converged = 0
    do iter=1, MAX_ITER
       diff = 0.0d0
       do i=1, n
          dtemp = 0.0d0
          do j=1, i-1; dtemp = dtemp + A(i,j)*x(j); end do
          dtemp2 = 0.0d0
          do j=i+1, n; dtemp2 = dtemp2 + A(i,j)*x(j); end do
          dtemp3 = x(i) + omega * ((b(i) - dtemp - dtemp2) / A(i,i) - x(i))
          diff = diff + (x(i) - dtemp3) * (x(i) - dtemp3)
          x(i) = dtemp3
       end do
       dtemp = sqrt(diff)
       ! 収束判定
       write(*,fmt='(a,i0,a,e13.6)') "Iter: ", iter, ", err: ", dtemp
       if (dtemp < EPS) then
          write(*,fmt='(a,i0)') "Converged. Iter: ", iter
          converged = 1
          exit
       end if
    end do
    if (converged == 0) write(*,fmt='(a)') "Iteration is not converged!"
  end subroutine MySOR
end module procedures
```

ソースコード **F6.3**　SOR法プログラム 6_3_sor.f90

問題 6.4（べき乗法）　　プログラム例をソースコード C6.4 およびソースコード F6.4 に示す．アルゴリズム 6.4 に示されているアルゴリズムを関数として実装した．行列ベクトル積関数 **MyMatVec** 関数も必要であるが，特に難しいものではないため省略した．

また，$n = 10$ の場合の実行結果例を示した．実行結果は乱数の構成に依存するが，この例では C と Fortran で同じ乱数を用いて計算した結果，いずれも 18 回の反復で収束し，最大固有値 5.103837，7.758088e-09 の精度を得た．

```c
#include <stdio.h>
#include <math.h>

#define MAX_ITER 100
#define EPS 1.0e-16

double PowM (int n, const double A[n][n], double x[n], double y[n], int *n_iter){
  int i, i_loop;
  double  d_tmp1, d_tmp2, dlambda, d_before = 0.0;
  /* 適当な初期ベクトルxを作り、正規化する */
  d_tmp1 = 0.0;
  for (i=0; i<n; i++) d_tmp1 += x[i] * x[i];
  d_tmp1 = 1.0 / sqrt(d_tmp1);
  for (i=0; i<n; i++) x[i] = x[i] * d_tmp1;
  /* べき乗法のメインループ */
  for (i_loop=1; i_loop<=MAX_ITER; i_loop++) {
    /* 行列ベクトル積 */
    MyMatVec(n, y, A, x);
    /* 近似固有値の計算 */
    d_tmp1 = 0.0;
    d_tmp2 = 0.0;
    for (i=0; i<n; i++) {
      d_tmp1 += y[i] * y[i];
      d_tmp2 += y[i] * x[i];
    }
    dlambda = d_tmp1 / d_tmp2;
    printf("Iter: %d, err %e\n", i_loop, fabs(d_before-dlambda));
    /* 収束判定 */
    if (fabs(d_before-dlambda) < EPS ) {
      *n_iter = i_loop;
      return dlambda;
    }
    /* 現在の値を保存 */
    d_before = dlambda;
    /* 正規化 */
    d_tmp1 = 1.0 / sqrt(d_tmp1);
    for (i=0; i<n; i++) x[i] = y[i] * d_tmp1;
  }
  *n_iter = -1;
  return dlambda;
}
```

ソースコード C6.4　べき乗法プログラム 6_4_powm.c

```fortran
module procedures
contains
  real(kind=8) function PowM (n, A, x, y, n_iter)
    implicit none
    integer,parameter                      :: MAX_ITER = 100
    real(kind=8),parameter                 :: EPS = 1.0d-16
    integer,intent(in)                     :: n
    real(kind=8),dimension(:,:),intent(in)  :: A
    real(kind=8),dimension(:),intent(inout) :: x
    real(kind=8),dimension(:),intent(inout) :: y
    integer,intent(inout)                  :: n_iter
    integer                                :: i, i_loop
    real(kind=8)                           :: d_tmp1, d_tmp2, dlambda
    real(kind=8)                           :: d_before = 0.0d0
    ! 適当な初期ベクトルxを作り、正規化する
    d_tmp1 = 0.0d0
    do i=1, n; d_tmp1 = d_tmp1 + x(i) * x(i); end do
    d_tmp1 = 1.0d0 / sqrt(d_tmp1)
    do i=1, n; x(i) = x(i) * d_tmp1; end do
    ! べき乗法のメインループ
    do i_loop=1, MAX_ITER
       ! 行列ベクトル積
       call MyMatVec(n, y, A, x)
       ! 近似固有値の計算
       d_tmp1 = 0.0d0;  d_tmp2 = 0.0d0
       do i=1, n
          d_tmp1 = d_tmp1 + y(i) * y(i)
          d_tmp2 = d_tmp2 + y(i) * x(i)
       end do
       dlambda = d_tmp1 / d_tmp2
       write(*,fmt='(a,i0,1x,a,e13.7)') &
            "Iter: ", i_loop, ", err ", dabs(d_before-dlambda)
       ! 収束判定
       if (dabs(d_before-dlambda) < EPS) then
          n_iter = i_loop;  PowM = dlambda;  return
       end if
       ! 現在の値を保存
       d_before = dlambda
       ! 正規化
       d_tmp1 = 1.0d0 / sqrt(d_tmp1)
       do i=1, n; x(i) = y(i) * d_tmp1; end do
    end do
    n_iter = -1
    PowM = dlambda
  end function PowM
end module procedures
```

ソースコード **F6.4**　べき乗法プログラム 6_4_powm.f90

```
C:
$ ./6_4_powm_c
Iter: 1, err 5.244360e+00
Iter: 2, err 1.364562e-01
Iter: 3, err 4.001274e-03
Iter: 4, err 7.096146e-05
Iter: 5, err 4.684490e-06
Iter: 6, err 1.061900e-06
Iter: 7, err 1.563265e-07
Iter: 8, err 2.150723e-08
Iter: 9, err 2.917645e-09
Iter: 10, err 3.945946e-10
Iter: 11, err 5.333067e-11
Iter: 12, err 7.206680e-12
Iter: 13, err 9.743317e-13
Iter: 14, err 1.296740e-13
Iter: 15, err 1.776357e-14
Iter: 16, err 4.440892e-15
Iter: 17, err 8.881784e-16
Iter: 18, err 0.000000e+00
N  = 10
Eigenvalue  = 5.103837e+00
Iteration Number: 18
Residual 2-Norm ||A x - lambda x||_2 = 7.758088e-09


Fortran:
$ ./6_4_powm_f
Iter: 1 , err 0.5244360E+01
Iter: 2 , err 0.1364562E+00
Iter: 3 , err 0.4001274E-02
Iter: 4 , err 0.7096146E-04
Iter: 5 , err 0.4684490E-05
Iter: 6 , err 0.1061900E-05
Iter: 7 , err 0.1563265E-06
Iter: 8 , err 0.2150723E-07
Iter: 9 , err 0.2917645E-08
Iter: 10 , err 0.3945946E-09
Iter: 11 , err 0.5333067E-10
Iter: 12 , err 0.7206680E-11
Iter: 13 , err 0.9743317E-12
Iter: 14 , err 0.1296740E-12
Iter: 15 , err 0.1776357E-13
Iter: 16 , err 0.4440892E-14
Iter: 17 , err 0.8881784E-15
Iter: 18 , err 0.0000000E+00
N  = 10
Eigenvalue  = 0.5103837E+01
Iteration Number: 18
Residual 2-Norm ||A x - lambda x||_2  = 0.7758088E-08
```

べき乗法プログラム 実行結果例

問題 6.5 （Givens 回転による QR 分解） プログラム例をソースコード C6.5 およびソース
コード F6.5 に示す．アルゴリズム 6.7，アルゴリズム 6.8 に示されているアルゴリズムを関数
として実装した．6.8.2 項の実行結果例に示した $n = 5$ の行列 A をこの関数に与えることで，
実行結果例と同様の計算結果を得ることができる．

```
1   #include <stdio.h>
2   #include <math.h>
3
4   #define MAX_ITER 100
5   #define EPS 1.0e-8
6
7   void GivensQR (int n, double A[n][n], double Lambda[n], int *n_iter) {
8     double Q[n][n], R[n][n];
9     double c, s, d, dki, dkj, dik, djk, dlambda, dlambda_bef;
10    int i, j, k, i_loop, i_eig, converged;
11    /* 収束させたい固有値番号のループ */
12    for (i_eig=n-1; i_eig>=0; i_eig--) {
13      converged = 0;
14      dlambda_bef = A[i_eig][i_eig];
15      /* QR法の反復ループ */
16      for(i_loop=1; i_loop<=MAX_ITER; i_loop++)  {
17        /* 初期 R = A */
18        for (i=0; i<=i_eig; i++) for (j=0; j<=i_eig; j++) R[i][j] = A[i][j];
19        /* 初期 Q = I */
20        for (i=0; i<=i_eig; i++) for (j=0; j<=i_eig; j++) Q[i][j] = 0.0;
21        for (i=0; i<=i_eig; i++) Q[i][i] = 1.0;
22        /* Givens法によるQR分解 */
23        for (i=0; i<=i_eig; i++) {
24          for (j=i+1; j<=i_eig; j++) {
25            /* Rを作る */
26            d = sqrt(R[i][i]*R[i][i]+R[j][i]*R[j][i]);
27            s = R[j][i] / d;
28            c = R[i][i] / d;
29            for (k=0; k<=i_eig; k++) {
30              dik = R[i][k];
31              djk = R[j][k];
32              R[i][k] = dik*c + djk*s;
33              R[j][k] = -dik*s + djk*c;
34            }
35            /* Qを作る */
36            for (k=0; k<=i_eig; k++) {
37              dki = Q[k][i];
38              dkj = Q[k][j];
39              Q[k][i] =  dki*c + dkj*s;
40              Q[k][j] = -dki*s + dkj*c;
41            }
42          }
43        }
```

ソースコード **C6.5** Givens 回転による QR 分解プログラム 6_5_GivensQR.c

```
44      /* RQの積 */
45      for (i=0; i<=i_eig; i++) {
46        for (j=0; j<=i_eig; j++) {
47          A[i][j] = 0.0;
48          for (k=0; k<=i_eig; k++) {
49            A[i][j] += R[i][k] * Q[k][j];
50          }
51        }
52      }
53      /* 収束判定 */
54      dlambda = A[i_eig][i_eig];
55      if (fabs(dlambda_bef-dlambda)/fabs(dlambda) < EPS) {
56        printf("Converged: %d th eigenvalue with %d iterations.\n",
57                i_eig, i_loop);
58        converged = 1;
59        break;
60      }
61      /* 現在の固有値近似値 */
62      dlambda_bef = dlambda;
63    }
64    if (converged == 0) {
65      /* 収束しなかった場合 */
66      *n_iter = -i_eig;
67      printf("Not Converged:%d th eigenvalue with %d iterations.\n",
68              i_eig, i_loop);
69      return;
70    } else {
71      /* 収束した場合 */
72      Lambda[i_eig] = A[i_eig][i_eig];
73    }
74  }
75  *n_iter = 0;
76 }
```

ソースコード **C6.5**（続き）　Givens 回転による QR 分解プログラム 6_5_GivensQR.c

```fortran
module procedures
contains
  subroutine GivensQR (n, A, Lambda, n_iter)
    implicit none
    integer,parameter                        :: MAX_ITER = 100
    real(kind=8),parameter                   :: EPS = 1.0d-8
    integer,intent(in)                       :: n
    real(kind=8),dimension(N,N),intent(inout) :: A
    real(kind=8),dimension(N),intent(inout)  :: Lambda
    integer,intent(inout)                    :: n_iter
    real(kind=8),dimension(N,N)              :: Q, R
    real(kind=8)                             :: c, s, d, dki, dkj, dik, djk
    real(kind=8)                             :: dlambda, dlambda_bef
    integer                                  :: i, j, k, i_loop, i_eig, converged
    ! 収束させたい固有値番号のループ
    do i_eig=n, 1, -1
       converged = 0
       dlambda_bef = A(i_eig,i_eig)
       ! QR法の反復ループ
       do i_loop=1, MAX_ITER
          ! 初期 R = A
          do i=1, i_eig; do j=1, i_eig; R(i,j) = A(i,j); end do; end do
          ! 初期 Q = I
          do i=1, i_eig; do j=1, i_eig; Q(i,j) = 0.0d0; end do; end do
          do i=1, i_eig; Q(i,i) = 1.0d0; end do
          ! Givens法によるQR分解
          do i=1, i_eig
             do j=i+1, i_eig
                ! Rを作る
                d = sqrt(R(i,i)*R(i,i)+R(j,i)*R(j,i))
                s = R(j,i) / d
                c = R(i,i) / d
                do k=1, i_eig
                   dik = R(i,k)
                   djk = R(j,k)
                   R(i,k) = dik*c + djk*s
                   R(j,k) = -dik*s + djk*c
                end do
                ! Qを作る
                do k=1, i_eig
                   dki = Q(k,i)
                   dkj = Q(k,j)
                   Q(k,i) =  dki*c + dkj*s
                   Q(k,j) = -dki*s + dkj*c
                end do
             end do
          end do
```

ソースコード **F6.5** Givens回転によるQR分解プログラム 6_5_GivensQR.f90

```
48              ! RQの積
49              do i=1, i_eig
50                 do j=1, i_eig
51                    A(i,j) = 0.0d0
52                    do k=1, i_eig
53                       A(i,j) = A(i,j) + R(i,k) * Q(k,j)
54                    end do
55                 end do
56              end do
57              ! 収束判定
58              dlambda = A(i_eig,i_eig)
59              if (dabs(dlambda_bef-dlambda)/dabs(dlambda) < EPS) then
60                 write(*,fmt='(a,i0,a,i0,a)') "Converged: ", i_eig-1, &
61                    " th eigenvalue with ", i_loop, " iterations."
62                 converged = 1
63                 exit
64              end if
65              ! 現在の固有値近似値
66              dlambda_bef = dlambda
67           end do
68           if (converged == 0) then
69              ! 収束しなかった場合
70              n_iter = -i_eig
71              write(*,fmt='(a,i0,a,i0,a)') "Not Converged:", i_eig-1, &
72                 "th eigenvalue with ", i_loop, "iterations."
73           else
74              ! 収束した場合
75              Lambda(i_eig) = A(i_eig,i_eig);
76           end if
77        end do
78        n_iter = 0
79     end subroutine GivensQR
80  end module procedures
```

ソースコード **F6.5**（続き） Givens 回転による QR 分解プログラム 6_5_GivensQR.f90

問題6.6（Householder 変換による QR 分解）　　プログラム例をソースコード C6.6 および
ソースコード F6.6 に示す．アルゴリズム 6.9 に示されている QR 分解を含む QR 法全体を関
数として実装した．実行結果例に示した $n=5$ の行列 A をこの関数に与えることで，実行結果
例と同様の計算結果を得ることができる．

```c
#define MAX_ITER 100
#define EPS 1.0e-8

void HouseholderQR (int n, double A[n][n], double Lambda[n], int *n_iter) {
  double  sigma, alpha, dlambda, dlambda_bef;
  int i, j, k, i_loop, i_eig, converged;
  double Q[n][n], R[n][n], v[n], y[n];
  /* 収束させたい固有値番号のループ */
  for (i_eig=n-1; i_eig >=0; i_eig--) {
    converged = 0;
    dlambda_bef = A[i_eig][i_eig];
    /* QR法の反復ループ */
    for(i_loop=1; i_loop<=MAX_ITER; i_loop++)  {
      /* 初期 R = A */
      for (i=0; i<=i_eig; i++) for (j=0; j<=i_eig; j++) R[i][j] = A[i][j];
      /* 初期 Q = I */
      for (i=0; i<=i_eig; i++) for (j=0; j<=i_eig; j++) Q[i][j] = 0.0;
      for (i=0; i<=i_eig; i++) Q[i][i] = 1.0;
      /* ハウスルダー変換によるQR分解 */
      for (i=0; i<=i_eig-1; i++) {
        /* Rを作る */
        for (j=0; j<=i_eig; j++) v[j] = 0.0;
        sigma = 0.0;
        for (j=i; j<=i_eig; j++) { sigma += R[j][i]*R[j][i]; v[j] = R[j][i]; }
        sigma = sqrt(sigma);
        if (v[i] >= 0.0) v[i] = v[i] - sigma;
        else v[i] = v[i] + sigma;
        /* alpha = 2 / || v ||^2 */
        alpha = 0.0;
        for (j=i; j<=i_eig; j++) alpha += v[j]*v[j];
        alpha = 2.0/alpha;
        /* y^T = alpha * v^T A */
        for (j=i; j<=i_eig; j++) {
          y[j] = 0.0;
          for (k=i; k<=i_eig; k++) y[j] += v[k] * R[k][j];
          y[j] = alpha * y[j];
        }
        /*  A = A - v y^T */
        for (j=i; j<=i_eig; j++) {
          for (k=i; k<=i_eig; k++) { R[j][k] -=  v[j] * y[k]; }
        }
```

ソースコード **C6.6**　Householder 変換による QR 分解プログラム 6_6_householderQR.c

```
42        /* Qを作る */
43        /* y = alpha * Q v */
44        for (j=0; j<=i_eig; j++) {
45          y[j] = 0.0;
46          for (k=0; k<=i_eig; k++) { y[j] += Q[j][k] * v[k]; }
47          y[j] = alpha * y[j];
48        }
49        /*  Q = Q - y v^T */
50        for (j=0; j<=i_eig; j++) {
51          for (k=0; k<=i_eig; k++) { Q[j][k] -=  y[j] * v[k]; }
52        }
53      }
54      /* RQの積 */
55      for (i=0; i<=i_eig; i++) {
56        for (j=0; j<=i_eig; j++) {
57          A[i][j] = 0.0;
58          for (k=0; k<=i_eig; k++) { A[i][j] += R[i][k] * Q[k][j]; }
59        }
60      }
61      /* 収束判定 */
62      dlambda = A[i_eig][i_eig];
63      if (fabs(dlambda_bef-dlambda)/fabs(dlambda) < EPS) {
64        printf("Converged: %d th eigenvalue with %d iterations.\n",
65                i_eig, i_loop);
66        converged = 1;
67        break;
68      }
69      /* 現在の固有値近似値 */
70      dlambda_bef = dlambda;
71    }
72    if (converged == 0) {
73      /* 収束しなかった場合 */
74      *n_iter = -i_eig;
75      printf("Not Converged: %d th eigenvalue with %d iterations.\n",
76              i_eig, i_loop);
77      return;
78    }else{
79      /* 収束した場合 */
80      Lambda[i_eig] = A[i_eig][i_eig];
81    }
82  }
83  *n_iter = 0;
84 }
```

ソースコード　**C6.6**（続き）　Householder 変換による QR 分解プログラム 6_6_householderQR.c

```fortran
 1  module procedures
 2  contains
 3    subroutine HouseholderQR (n, A, Lambda, n_iter)
 4      integer,parameter                      :: MAX_ITER = 100
 5      real(kind=8),parameter                 :: EPS = 1d-8
 6      integer,intent(in)                     :: n
 7      real(kind=8),dimension(:,:),intent(inout) :: A
 8      real(kind=8),dimension(:),intent(inout)   :: Lambda
 9      integer,intent(inout)                  :: n_iter
10      real(kind=8)                  :: sigma, alpha, dlambda, dlambda_bef
11      integer                  :: i, j, k, i_loop, i_eig, converged
12      real(kind=8),dimension(n,n) :: Q, R
13      real(kind=8),dimension(n)   :: v, y
14      ! 収束させたい固有値番号のループ
15      do i_eig=n, 1, -1
16        converged = 0; dlambda_bef = A(i_eig,i_eig)
17        ! QR法の反復ループ
18        do i_loop=1, MAX_ITER
19          ! 初期 R = A
20          do i=1, i_eig; do j=1, i_eig; R(i,j) = A(i,j); end do; end do
21          ! 初期 Q = I
22          do i=1, i_eig; do j=1, i_eig; Q(i,j) = 0.0d0; end do; end do
23          do i=1, i_eig; Q(i,i) = 1.0d0; end do
24          ! ハウスホルダー法によるQR分解
25          do i=1, i_eig-1
26            ! Rを作る
27            do j=1, i_eig; v(j) = 0.0d0; end do
28            sigma = 0.0d0
29            do j=i, i_eig; sigma = sigma + R(j,i)*R(j,i); v(j) = R(j,i); end do
30            sigma = sqrt(sigma)
31            if (v(i) >= 0.0d0) then; v(i) = v(i) - sigma
32            else; v(i) = v(i) + sigma
33            end if
34            ! alpha = 2 / || v ||^2
35            alpha = 0.0d0
36            do j=i, i_eig; alpha = alpha + v(j)*v(j); end do
37            alpha = 2.0d0 / alpha
38            ! y^T = alpha * v^T A
39            do j=i, i_eig
40              y(j) = 0.0d0
41              do k=i, i_eig; y(j) = y(j) + v(k)*R(k,j); end do
42              y(j) = alpha * y(j)
43            end do
44            ! A = A - v y^T
45            do j=i, i_eig
46              do k=i, i_eig; R(j,k) = R(j,k) - v(j)*y(k); end do
47            end do
```

ソースコード F6.6 Householder 変換による QR 分解プログラム 6_6_householderQR.f90

```
48                    ! Qを作る
49                    ! y = alpha * Q v
50                    do j=1, i_eig
51                       y(j) = 0.0d0
52                       do k=1, i_eig; y(j) = y(j) + Q(j,k)*v(k); end do
53                       y(j) = alpha * y(j)
54                    end do
55                    ! Q = Q - y v^T
56                    do j=1, i_eig; do k=1, i_eig; Q(j,k) = Q(j,k) - y(j)*v(k)
57                       end do; end do
58                 end do
59                 ! RQの積
60                 do i=1, i_eig
61                    do j=1, i_eig
62                       A(i,j) = 0.0d0
63                       do k=1, i_eig; A(i,j) = A(i,j) + R(i,k) * Q(k,j); end do
64                    end do
65                 end do
66                 ! 収束判定
67                 dlambda = A(i_eig,i_eig)
68                 if (dabs(dlambda_bef-dlambda)/dabs(dlambda) < EPS) then
69                    write(*,fmt='(a,i0,a,i0,a)') "Converged: ", i_eig-1, &
70                       " th eigenvalue with ", i_loop, " iterations."
71                    converged = 1
72                    exit
73                 end if
74                 ! 現在の固有値近似値a
75                 dlambda_bef = dlambda
76              end do
77              if (converged == 0) then
78                 ! 収束しなかった場合
79                 n_iter = -i_eig
80                 write(*,fmt='(a,i0,a,i0,a)') "Not Converged: ", i_eig-1, &
81                    " th eigenvalue with ", i_loop, " iterations."
82                 return
83              else
84                 ! 収束した場合
85                 Lambda(i_eig) = A(i_eig,i_eig)
86              end if
87          end do
88          n_iter = 0
89       end subroutine HouseholderQR
90    end module procedures
```

ソースコード **F6.6**（続き）Householder 変換による QR 分解プログラム
6_6_householderQR.f90

問題 6.7（Gram-Schmidt 直交化による QR 分解）　　プログラム例をソースコード C6.7 およびソースコード F6.7 に示す．アルゴリズム 6.10 に示されている QR 分解を含む QR 法全体を関数として実装した．6.8.4 項の実行結果例に示した $n = 5$ の行列 A をこの関数に与えることで，実行結果例と同様の計算結果を得ることができる．

```c
1  #define MAX_ITER 100
2  #define EPS 1.0e-8
3
4  void GramSchmidtQR (int n, double A[n][n], double Lambda[n], int *n_iter) {
5    double Q[n][n], R[n][n];
6    double dtemp1, dcoef, dlambda, dlambda_bef;
7    int i, j, k, i_loop, i_eig, converged;
8    /* 収束させたい固有値番号のループ */
9    for (i_eig=n-1; i_eig >=0; i_eig--) {
10     converged = 0;
11     dlambda_bef = A[i_eig][i_eig];
12     /* QR法の反復ループ */
13     for(i_loop=1; i_loop<=MAX_ITER; i_loop++)  {
14       /* Qを作る */
15       for (i=0; i<=i_eig; i++) {
16         for (j=0; j<=i_eig; j++) Q[j][i] = A[j][i];
17         for (j=0; j<i; j++) {
18           dcoef= 0.0;
19           for (k=0; k<=i_eig; k++) dcoef += A[k][i]*Q[k][j];
20           for (k=0; k<=i_eig; k++) Q[k][i] -= dcoef * Q[k][j];
21         }
22         /* u_iの正規化 */
23         dtemp1 = 0.0;
24         for (j=0; j<=i_eig; j++) dtemp1 += Q[j][i]*Q[j][i];
25         dtemp1 = 1.0 / sqrt(dtemp1);
26         for (j=0; j<=i_eig; j++) Q[j][i] = Q[j][i]*dtemp1;
27       }
28       /* Rを作る */
29       for (i=0; i<=i_eig; i++) for (j=0; j<=i_eig; j++) R[i][j] = 0.0;
30       for (i=0; i<=i_eig; i++) {
31        for (j=0; j<=i; j++) {
32           R[j][i] = 0.0;
33           for (k=0; k<=i_eig; k++) R[j][i] += A[k][i]*Q[k][j];
34        }
35       }
```

ソースコード **C6.7** Gram-Schmidt 直交化による QR 分解プログラム
6_7_GramSchmidtQR.c

```
36        /* RQの積 */
37        for (i=0; i<=i_eig; i++) {
38          for (j=0; j<=i_eig; j++) {
39            A[i][j] = 0.0;
40            for (k=0; k<=i_eig; k++) {
41              A[i][j] += R[i][k] * Q[k][j];
42            }
43          }
44        }
45        /* 収束判定 */
46        dlambda = A[i_eig][i_eig];
47        if (fabs(dlambda_bef-dlambda)/fabs(dlambda) < EPS) {
48          printf("Converged: %d th eigenvalue with %d iterations.\n",
49                 i_eig, i_loop);
50          converged = 1;
51          break;
52        }
53        /* 現在の固有値近似値 */
54        dlambda_bef = dlambda;
55      }
56      if (converged == 0) {
57        /* 収束しなかった場合 */
58        *n_iter = -i_eig;
59        printf("Not Converged: %d th eigenvalue with %d iterations.\n",
60               i_eig, i_loop);
61        return;
62      } else {
63        /* 収束した場合 */
64        Lambda[i_eig] = A[i_eig][i_eig];
65      }
66    }
67    *n_iter = 0;
68  }
```

ソースコード **C6.7**（続き）　Gram-Schmidt 直交化による QR 分解プログラム 6_7_GramSchmidtQR.c

```fortran
module procedures
contains
  subroutine GramSchmidtQR (n, A, Lambda, n_iter)
    implicit none
    integer,parameter                         :: MAX_ITER = 100
    real(kind=8),parameter                    :: EPS = 1d-8
    integer,intent(in)                        :: n
    real(kind=8),dimension(:,:),intent(inout) :: A
    real(kind=8),dimension(:),intent(inout)   :: Lambda
    integer,intent(inout)                     :: n_iter
    real(kind=8),dimension(n,n)               :: Q, R
    real(kind=8) :: dtemp1, dcoef, dlambda, dlambda_bef
    integer      :: i, j, k, i_loop, i_eig, converged
    ! 収束させたい固有値番号のループ
    do i_eig=n, 1, -1
       converged = 0
       dlambda_bef = A(i_eig,i_eig)
       ! QR法の反復ループ
       do i_loop=1, MAX_ITER
          ! QR decomposition with Gram-Schmidt
          do i=1, i_eig
             ! Qを作る
             do j=1, i_eig; Q(j,i) = A(j,i); end do
             do j=1, i
                dcoef = 0.0d0
                do k=1, i_eig; dcoef = dcoef + A(k,i)*Q(k,j); end do
                do k=1, i_eig; Q(k,i) = Q(k,i) - dcoef * Q(k,j); end do
             end do
             ! u_iの正規化
             dtemp1 = 0.0d0
             do j=1, i_eig; dtemp1 = dtemp1 + Q(j,i)*Q(j,i); end do
             dtemp1 = 1.0d0 / sqrt(dtemp1)
             do j=1, i_eig; Q(j,i) = Q(j,i)*dtemp1; end do
          end do
          ! Rを作る
          do i=1, i_eig; do j=1, i_eig; R(i,j) = 0.0d0; end do; end do
          do i=1, i_eig
             do j=1, i
                R(j,i) = 0.0d0
                do k=1, i_eig; R(j,i) = R(j,i) + A(k,i)*Q(k,j); end do
             end do
          end do
```

ソースコード　**F6.7** Gram-Schmidt 直交化による QR 分解プログラム 6_7_GramSchmidtQR.f90

```
43            ! RQの積
44            do i=1, i_eig
45               do j=1, i_eig
46                  A(i,j) = 0.0d0
47                  do k=1, i_eig; A(i,j) = A(i,j) + R(i,k) * Q(k,j); end do
48               end do
49            end do
50            ! 収束判定
51            dlambda = A(i_eig,i_eig)
52            if (dabs(dlambda_bef-dlambda)/dabs(dlambda) < EPS) then
53               write(*,fmt='(a,i0,a,i0,a)') "Converged: ", i_eig-1, &
54                  " th eigenvalue with ", i_loop, " iterations."
55               converged = 1
56               exit
57            end if
58            ! 現在の固有値近似値
59            dlambda_bef = dlambda
60         end do
61         if (converged == 0) then
62            ! 収束しなかった場合
63            n_iter = -i_eig
64            write(*,fmt='(a,i0,a,i0,a)') "Not Converged: ", i_eig-1, &
65               " th eigenvalue with ", i_loop, " iterations."
66            return
67         else
68            ! 収束した場合
69            Lambda(i_eig) = A(i_eig,i_eig)
70         end if
71      end do
72      n_iter = 0
73   end subroutine GramSchmidtQR
74 end module procedures
```

ソースコード **F6.7**（続き）　Gram-Schmidt 直交化による QR 分解プログラム 6_7_GramSchmidtQR.f90

問題 6.8（原点シフト付き **QR** 法）　本題の回答例は Web で配布するソースコード例にて紹介する.

第7章

微分方程式

本章では，微分で表される方程式の数値解法について学ぶ．これまでと同様に，微分で表される方程式を解析的に解くことは容易でないケースが多い．しかし数値計算では手順を踏むことで，比較的簡単に近似的な解を計算できる．またアルゴリズムを工夫することにより，解の精度をよりよく計算できる．ただ，数値計算では近似計算による解となるため，計算誤差が生じることを考慮しなくてはならない．また計算誤差だけではなく数値計算の実行条件に依存して，計算した解が激しく変動して妥当な解を得られない場合があることを説明する．さらに，本章の内容は，疎行列の連立一次方程式の解法に帰着されることが多い．そのため「より深く学ぶために」として，疎行列を表現するデータ構造が実行時間に大きな影響を与えることを簡単に説明する．

7.1　微分方程式とは

微分方程式 (differential equation) とは，従属変数の導関数（微分）を含む方程式のことをいう．**常微分方程式** (ordinary differential equation) とは，独立変数が1つであるような，微分方程式のことをいう．以下は，常微分方程式の例である．

いま，$y = f(x)$ とする．さらに，$A \in \mathbb{R}$ とすると，

$$\frac{dy}{dx} = Ay \tag{7.1}$$

は，常微分方程式である．式 (7.1) では，x が独立変数である．また，スカラ A が変数（パラメタ）となる．

ここで，式 (7.1) の解釈を考えてみよう．この式では，左辺は $f(x)$ の微分を意味している．このとき，右辺の y を固定して考えると，$y = 1$ のとき $f(x)$ の傾きが A，$y = 2$ のとき $f(x)$ の傾きが $2A$，$y = 3$ のとき $f(x)$ の傾きが $3A$，$\cdots$ というように，解が通るべき点の傾きを表していると解釈できる．これを，図 7.1 に示す．

図 7.1 から，$f(x)$ の傾きが任意の各点で一致する曲線が解となる．そのため，解が1つに定まらないことに注意する．後述するが，初期値を与えることで解が1つに定まる．本章では，このような常微分方程式の数値計算アルゴリズムについて説明する．

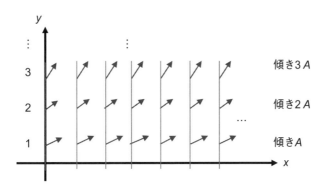

図7.1　式 (7.1) の解が満たす各点の傾き

7.2　微分係数と差分近似

アルゴリズムの説明に入る前に，微分と差分について説明する．いま，関数 $f(x)$ を考える．このとき，$x = a$ における**微分係数** (differential coefficient) とは

$$\lim_{h \to \infty} \frac{1}{h}(f(a + h) - f(a))　(7.2)$$

で定義される．

いま，微分係数の式 (7.2) の近似計算を考える．自然なアイデアは，有限の h で式 (7.2) の計算である差分を用いて近似することであろう．この考え方に基づく近似を，**差分近似** (difference approximation) という．

7.2.1　1 階差分商

差分近似は，$x = a$ における微分係数を，**差分商** (difference quotient) で近似して求めることをいう．いま，$h = \Delta x$ (正の数) とおく．このとき，差分商の求め方は，以下の 3 通りがある．

1. **前進差分商** (forward difference quotient)

$$\frac{1}{\Delta x}(f(a + \Delta x) - f(a))　(7.3)$$

2. **後退差分商** (backward difference quotient)

$$\frac{1}{\Delta x}(f(a) - f(a - \Delta x))　(7.4)$$

3. **中心差分商** (central difference quotient)

$$\frac{1}{\Delta x}\left(f\left(a + \frac{\Delta x}{2}\right) - f\left(a - \frac{\Delta x}{2}\right)\right)　(7.5)$$

Taylor 展開から，前進差分商，後退差分商の誤差が $O(\Delta x)$ なのに対し，中心差分商の誤差は，$O((\Delta x)^2)$ となることが知られている．そのため，中心差分商は効率よく近似値へ収束する．そのため中心差分商は，数値計算による差分近似のなかでは最も効率的な差分近似の方法である．

7.2.2　2階差分商と変種

前項の差分商の計算は，1階の差分商であった．2階以上の微分係数に関する差分近似（2階差分商）も，1階差分商を利用することで計算できる．

ここで，2階の前進差分商の計算例を示す．関数 $f(x)$ の $f'(a)$ の前進差分商による差分近似は，$\frac{1}{\Delta x}(f(a+\Delta x) - f(a))$ である．そこで，$f(x)$ の $f''(a)$ の前進差分商による差分近似は

$$
\begin{aligned}
&\frac{1}{\Delta x}(f'(a+\Delta x) - f'(a)) \\
&= \frac{1}{\Delta x}\left(\left[\frac{1}{\Delta x}(f((a+\Delta x)+\Delta x) - f(a+\Delta x))\right] - \left[\frac{1}{\Delta x}(f(a+\Delta x) - f(a))\right]\right) \\
&= \frac{1}{(\Delta x)^2}(f(a+2\Delta x) - 2f(a+\Delta x) + f(a))
\end{aligned}
\tag{7.6}
$$

となる．3階以上の差分商でも，同様に導出できる．

ところで1回の差分商に中央差分商を採用するとしても，2階の差分商を導出するときの基本式では，前進差分商，後退差分商，中心差分商の3つを任意に選べる．そのため，2階以上の差分商には，変種があることに注意する．

Δx を0にもっていったときの誤差が最も小さくなる差分近似の式を用いることがよい．どの差分商の組み合わせがよいかは，問題に依存するため，自明ではない．そのため，試行錯誤が必要である．

7.3　差分方程式と各種解法

7.3.1　常微分方程式の初期値問題

いま，以下の常微分方程式の差分近似による解法を考える．

$$
\begin{aligned}
\frac{dy}{dx} &= f(x, y) \\
y(x_0) &= y_0
\end{aligned}
\tag{7.7}
$$

式 (7.7) は，常微分方程式における $y(x)$ での，$x = x_0$ における値 y_0（初期値）が与えられている．そのため，**初期値問題** (initial value problem) とよぶ．

このとき，差分近似を用いて式 (7.7) の初期値問題を解くことを考える．そこで，区間を，$h = \Delta x$ と区切って考える．図 7.2 に示す．

7.3.2　Euler 法

(1)　Euler 法の導出

いま，図 7.2 における x_1 で，$y(x_1) = y_1$ の予測値を考えると，x_0 の接線の傾きである微分 $dy/dx = f(x, y)$ の情報が得られる．また，刻み幅 h を考慮すると，式 (7.7) の $y(x_1)$ は以下のように予想できる．

$$
y(x_1) = y(x_0) + h \cdot f(x_0, y_0)
\tag{7.8}
$$

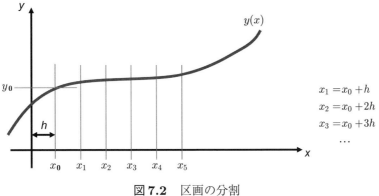

図7.2　区画の分割

以上を図7.3に示す.

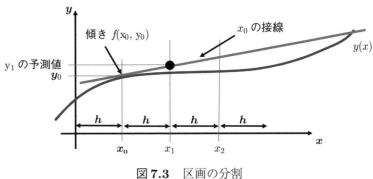

図7.3　区画の分割

　この考えを, $x_2, x_2, \cdots$ の点について行えば, $y(x)$ の解析解を知らなくても, 解の値を数値計算で得ることができる. これを, Euler (オイラー) 法 (Euler's method) という. 以上をまとめると, 式 (7.7) の解を求める Euler 法は

$$y(x_i) = y(x_{i-1}) + h \cdot f(x_i, y_i), \ (i = 1, 2, \cdots), \tag{7.9}$$

で計算を続け, 解の近似値 $y(x_1), y(x_2), \cdots$ を計算していく方法である.

(2)　Euler 法のアルゴリズム

　式 (7.7) の解を求める Euler 法のアルゴリズムをアルゴリズム 7.1 に示す.

アルゴリズム 7.1　　Euler 法のアルゴリズム

```
 1  // 初期値設定
 2  a = 1.0;  b = 3.0;  N = 10;
 3  h = (b - a) / N;
 4  x0 = 1.0;  y0 = 1.0;
 5  x = x0;  y = y0;
 6  // Euler法の計算
 7  for (i=0; i<N; i++) {
 8    y = y + h * f(x, y);
 9    x = x + h;
10  }
```

（計算例）Euler 法による計算

以下の問題を Euler 法で解く.

$$\frac{dy}{dx} = \log(x)$$
$$y(1) = 1 \tag{7.10}$$

ここで, 式 (7.10) より, $x_0 = 1$, $y_0 = 1$ である. また, x の区間は [1,3] である.

式 (7.10) の真の解は計算でき,

$$y(x) = \int \log(x)dx = x(\log(x) - 1) + C \tag{7.11}$$

である. ここで, 初期値より, $y(1) = 1(\log(1) - 1) + C = 1$ であるので, $C = 2$ となる.

したがって, $x = 3$ となる $y(3)$ の値は, $y(3) = 2 + 3(\log(3) - 1) = 3\log(3) - 1$ となる. この値を真値とみなして, 計算による誤差を評価できる.

以下に, 式 (7.10) の Euler 法による実行結果例を示す.

```
a:1.000000e+00, b:3.000000e+00, h:2.000000e-01 / N = 10
x0 = 1.000000e+00, y0 = y(x0) = 1.000000e+00

x0: 1.000000e+00, y0: 1.000000e+00
x: 1.200000e+00, y: 1.000000e+00
x: 1.400000e+00, y: 1.036464e+00
x: 1.600000e+00, y: 1.103759e+00
x: 1.800000e+00, y: 1.197759e+00
x: 2.000000e+00, y: 1.315317e+00
x: 2.200000e+00, y: 1.453946e+00
x: 2.400000e+00, y: 1.611638e+00
x: 2.600000e+00, y: 1.786731e+00
x: 2.800000e+00, y: 1.977834e+00
x: 3.000000e+00, y: 2.183758e+00

y_ans(x=3) = 2.295837e+00
|y_ans - y|/|y_ans| = 4.881846e-02
```

以上より，$y(3)$ の計算値は，真の解との相対誤差 `4.881846e-02` で求められていることがわかる．

分割数 N を増やすと，相対誤差を向上させることができる．実行結果例を以下に示す．

- $N = 100$ のとき

```
x: 3.000000e+00, y: 2.284829e+00
y_ans(x=3) = 2.295837e+00
|y_ans - y|/|y_ans| = 4.794916e-03
```

- $N = 1000$ のとき

```
x: 3.000000e+00, y: 2.294738e+00
y_ans(x=3) = 2.295837e+00
|y_ans - y|/|y_ans| = 4.786205e-04
```

7.3.3　Heun 法

(1)　Heun 法の導出

Heun (ホイン) 法 (Heun's method) は，中央近似で予測値を計算しているとみなせる方法である．そのため，誤差の収束性がよいと期待できる．Heun 法では，以下のように計算する．

$$k_1 = f(x_i, y_i)$$
$$k_2 = f(x_i + h, y(x_i) + h \cdot k_1)$$
$$y(x_{i+1}) = \frac{h}{2}(k_1 + k_2) + y(x_i) \tag{7.12}$$

ここで，$i = 1, 2, \cdots$ である．以上を，図 7.4 に示す．

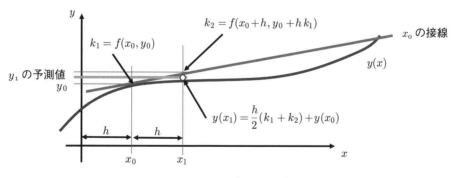

図 7.4　Heun 法の予測方法

(2)　Heun 法のアルゴリズム

式 (7.7) の解を求める Euler 法のアルゴリズムをアルゴリズム 7.2 に示す.

アルゴリズム 7.2　Heun 法のアルゴリズム

```
 1  // 初期値設定
 2  a = 1.0;  b = 3.0;  N = 10;
 3  h = (b - a) / N;
 4  x0 = 1.0;  y0 = 1.0;
 5  x = x0;  y = y0;
 6  // Heun法の計算
 7  for (i=0; i<N; i++) {
 8    k1 = f(x, y);
 9    k2 = f(x + h, y + h * k1);
10    y = h * (k1 + k2) / 2.0 + y;
11    x = x + h;
12  }
```

（計算例）Heun 法による計算

以下に，式 (7.10) の Heun 法による実行結果例を示す.

```
a:1.000000e+00, b:3.000000e+00, h:2.000000e-01 / N = 10
x0 = 1.000000e+00, y0 = y(x0) = 1.000000e+00

x0: 1.000000e+00, y0: 1.000000e+00
x: 1.200000e+00, y: 1.018232e+00
x: 1.400000e+00, y: 1.070112e+00
x: 1.600000e+00, y: 1.150759e+00
x: 1.800000e+00, y: 1.256538e+00
x: 2.000000e+00, y: 1.384632e+00
x: 2.200000e+00, y: 1.532792e+00
x: 2.400000e+00, y: 1.699185e+00
x: 2.600000e+00, y: 1.882283e+00
x: 2.800000e+00, y: 2.080796e+00
x: 3.000000e+00, y: 2.293619e+00

y_ans(x=3) = 2.295837e+00
|y_ans - y|/|y_ans| = 9.660928e-04
```

以上より，$y(3)$ の計算値は，真の解との相対誤差 9.660928e-04 で求まる. これは，Euler 法での相対誤差 4.881846e-02 より精度がよい.

分割数 N を増やすと，相対誤差を向上させることができる．実行結果例を以下に示す．

- $N = 100$ のとき

```
x: 3.000000e+00, y: 2.295815e+00
y_ans(x=3) = 2.295837e+00
|y_ans - y|/|y_ans| = 9.679170e-06
\end{verbatim}
```

- $N = 1000$ のとき

```
\begin{verbatim}
x: 3.000000e+00, y: 2.295837e+00
y_ans(x=3) = 2.295837e+00
|y_ans - y|/|y_ans| = 9.679355e-08
```

以上から，分割数を多くすると，さらに Euler 法より精度が高く計算できることがわかる．

7.3.4 Runge-Kutta 法
(1) Runge-Kutta 法の導出

Runge-Kutta (ルンゲ・クッタ) 法 (Runge-Kutta method) は，Taylor 展開における2次展開以上を用いて，精度向上する方法とみなすことができる．

前節の Heun 法は，2次の Taylor 展開からも得られる．いま，$f(x,y) = \frac{dy}{dx}$ とすると，$y(x+h)$ の3次の Taylor 展開は

$$y(x+h) \approx y(x) + \frac{h}{1!}f(x,y) + \frac{h^2}{2!}\frac{df(x,y)}{dx} \tag{7.13}$$

となる．ここで，$\frac{df(x,y)}{dx}$ を，刻み幅 $kh = k\Delta x$ で前進差分商で計算する．$f(x,y) = \frac{dy}{dx}$ とすると，$y(x+h)$ の3次の Taylor 展開は

$$\begin{aligned}\frac{df(x,y)}{dx} &\approx \frac{f(x+kh,y(x+kh)) - f(x,y)}{kh} \\ &\approx \frac{f(x+kh,y(x)+khf(x,y)) - f(x,y)}{kh}\end{aligned} \tag{7.14}$$

となる．上記を，式 (7.13) の Taylor 展開に代入すると

$$y(x+h) \approx y(x) + \left(1 - \frac{1}{2k}\right)h \cdot f(x,y) + \frac{h}{2k}f(x+kh,y+kh\cdot f(x,y)) \tag{7.15}$$

となる．ここで，式 (7.15) において，$k = 1/2$ とおくと

$$y(x+h) \approx y(x) + hf\left(x+\frac{1}{2}, y+\frac{h}{2}f(x,y)\right) \tag{7.16}$$

となる．式 (7.16) を 修正 Euler (オイラー) 法 (modified Euler method) とよぶ．

式 (7.15) において，$k = 1$ とおくと

$$y(x+h) \approx y(x) + \frac{h}{2}f(x,y) + \frac{1}{2}f(x+h,y+h\cdot f(x,y)) \tag{7.17}$$

を得る．式 (7.17) は Heun 法である．したがって，修正 Euler 法も Heun 法も，2 次の Runge-Kutta 法とみなせる．

以上の考え方を進め，以下のように 4 次の Taylor 展開までを用いるものが，一般に Runge-Kutta 法とよばれる．

$$
\begin{aligned}
k_1 &= f(x_i, y(x_i)) \\
k_2 &= f\left(x_i + \frac{h}{2}, y(x_i) + \frac{h}{2}k_1\right) \\
k_3 &= f\left(x_i + \frac{h}{2}, y(x_i) + \frac{h}{2}k_2\right) \\
k_4 &= f(x_i + h, y(x_i) + hk_3) \\
y(x_{i+1}) &= \frac{h}{6}(k_1 + 2k_2 + 2k_3 + k_4) + y(x_i)
\end{aligned}
\tag{7.18}
$$

ここで，$i = 1, 2, \cdots$ である．

(2)　Runge-Kutta 法のアルゴリズム

式 (7.7) の解を求める Runge-Kutta 法のアルゴリズムをアルゴリズム 7.3 に示す．

アルゴリズム 7.3　Runge-Kutta 法のアルゴリズム

```
1  // 初期値設定
2  a = 1.0;  b = 3.0;  N = 10;
3  h = (b - a) / N;
4  x0 = 1.0;  y0 = 1.0;
5  x = x0;  y = y0;
6  // Runge-Kutta法の計算
7  for (i=0; i<N; i++) {
8    k1 = f(x, y);
9    k2 = f(x + (h / 2.0), y + (h / 2.0) * k1);
10   k3 = f(x + (h / 2.0), y + (h / 2.0) * k2);
11   k4 = f(x + h, y + h * k3);
12   y = h * (k1 + 2.0 * k2 + 2.0 * k3 + k4) / 6.0 + y;
13   x = x + h;
14 }
```

（計算例）Runge-Kutta 法による計算

以下に，式 (7.18) の Runge-Kutta 法による実行結果例を示す．

```
a:1.000000e+00, b:3.000000e+00, h:2.000000e-01 / N = 10
x0 = 1.000000e+00, y0 = y(x0) = 1.000000e+00

x0: 1.000000e+00, y0: 1.000000e+00
x: 1.200000e+00, y: 1.018785e+00
x: 1.400000e+00, y: 1.071060e+00
x: 1.600000e+00, y: 1.152005e+00
x: 1.800000e+00, y: 1.258015e+00
x: 2.000000e+00, y: 1.386293e+00
x: 2.200000e+00, y: 1.534605e+00
x: 2.400000e+00, y: 1.701124e+00
x: 2.600000e+00, y: 1.884329e+00
x: 2.800000e+00, y: 2.082933e+00
x: 3.000000e+00, y: 2.295836e+00

y_ans(x=3) = 2.295837e+00
|y_ans - y|/|y_ans| = 4.593639e-07
```

以上より，$y(3)$ の計算値は，真の解との相対誤差 4.593639e-07 で求まる．これは，Heun 法での相対誤差 9.660928e-04 より精度がよい．

分割数 N を増やすと，相対誤差を向上させることができる．実行結果例を以下に示す．

- $N = 100$ のとき

```
x: 3.000000e+00, y: 2.295837e+00
y_ans(x=3) = 2.295837e+00
|y_ans - y|/|y_ans| = 4.659748e-11
```

- $N = 1000$ のとき

```
x: 3.000000e+00, y: 2.295837e+00
y_ans(x=3) = 2.295837e+00
|y_ans - y|/|y_ans| = 1.315340e-14
```

以上から，分割数を多くすると，さらに Heun 法より精度が高く計算できることがわかる．

7.4 連立1階微分方程式の解法

連立した1階の常微分方程式でも同様に，Runge-Kutta 法などで解くことができる．2変数以上の右辺の独立変数のうち，現在解いていない変数は，計算中の値を入れて固定して計算する考え方で求めることができる．

たとえば，以下の連立1階微分方程式を考える．

$$\frac{dy_1}{dx} = f_1(x, y_1, y_2)$$

$$\frac{dy_2}{dx} = f_2(x, y_1, y_2)$$
$$y_1(0) = a_1$$
$$y_2(0) = a_2 \tag{7.19}$$

この式は，$x > 0$ となる，$y_1(x)$，$y_2(x)$ を求めることである.

また，2 階の常微分方程式

$$\frac{d^2y}{dx^2} = f\left(x, y, \frac{dy}{dx}\right)$$
$$y_1(0) = a_1$$
$$y_2(0) = a_2 \tag{7.20}$$

を考えると，以下と等価である.

$$\frac{dy_1}{dx} = y_2$$
$$\frac{dy_2}{dx} = f(x, y_1, y_2)$$
$$y_1(0) = a_1$$
$$y_2(0) = a_2 \tag{7.21}$$

したがって，式 (7.19) と計算法は同じになる. 式 (7.19) の解を求める Euler 法は，以下のようになる. ここで，図 7.3 の区間 h と $x_0, x_1, \cdots$ を利用する. また，$y_0^{(1)} = a_1$，$y_0^{(2)} = a_2$ とする. このとき，各区画の点 $x_0, x_1, \cdots$ における，$y_1(x)$ と $y_2(x)$ の値は，それぞれ，$y_i^{(1)}(x_i)$ と $y_i^{(2)}(x_i)$ であり，以下のように計算する.

$$new\_y_i^{(1)}(x_i) = y^{(1)}(x_{i-1}) + h \cdot f_1(x_i, y_i^{(1)}, y_i^{(2)}),$$
$$new\_y_i^{(2)}(x_i) = y_2(x_{i-1}) + h \cdot f_2(x_i, y_i^{(1)}, y_i^{(2)}),$$
$$y_i^{(1)}(x_i) = new\_y_i^{(1)}(x_i)$$
$$y_i^{(2)}(x_i) = new\_y_i^{(2)}(x_i), \ (i = 1, 2, \cdots), \tag{7.22}$$

式 (7.22) では，現在の値の計算 $new\_y_i^{(1)}(x_i)$ と $new\_y_i^{(2)}(x_i)$ において，1 つ前の反復の値 $y_i^{(1)}(x_i)$ と $y_i^{(2)}(x_i)$ を固定して用いることで計算している点に注意する.

Runge-Kutta 法においても，上記の考え方を適用することで，式 (7.19) の解 $y_1(x)$，$y_2(x)$ を，数値計算で求めることができる. 以下に，Runge-Kutta 法での計算例を示す.

$$k_1^{(1)} = f_1(x_i, y_i^{(1)}, y_i^{(2)})$$
$$k_1^{(2)} = f_2(x_i, y_i^{(1)}, y_i^{(2)})$$
$$k_2^{(1)} = f_1\left(x_i + \frac{h}{2}, y_i^{(1)} + \frac{h}{2}k_1^{(1)}, y_i^{(2)} + \frac{h}{2}k_1^{(2)}\right)$$
$$k_2^{(2)} = f_2\left(x_i + \frac{h}{2}, y_i^{(1)} + \frac{h}{2}k_1^{(1)}, y_i^{(2)} + \frac{h}{2}k_1^{(2)}\right)$$

$$k_3^{(1)} = f_1\left(x_i + \frac{h}{2}, y_i^{(1)} + \frac{h}{2}k_2^{(1)}, y_i^{(2)} + \frac{h}{2}k_2^{(2)}\right)$$

$$k_3^{(2)} = f_2\left(x_i + \frac{h}{2}, y_i^{(1)} + \frac{h}{2}k_2^{(1)}, y_i^{(2)} + \frac{h}{2}k_2^{(2)}\right)$$

$$k_4^{(1)} = f_1(x_i + h, y_i^{(1)} + hk_3^{(1)}, y_i^{(2)} + hk_3^{(2)})$$

$$k_4^{(2)} = f_2(x_i + h, y_i^{(1)} + hk_3^{(1)}, y_i^{(2)} + hk_3^{(2)})$$

$$y_i^{(1)} = \frac{h}{6}(k_1^{(1)} + 2k_2^{(1)} + 2k_3^{(1)} + k_4^{(1)}) + y_i^{(1)}$$

$$y_i^{(2)} = \frac{h}{6}(k_1^{(2)} + 2k_2^{(2)} + 2k_3^{(2)} + k_4^{(2)}) + y_i^{(2)} \tag{7.23}$$

以上の式 (7.23) ではプログラムの特性により，たとえば $y_i^{(1)}$ の値について右辺の値は古い値が参照されるが，左辺で新しい値を定義する点に注意する．

7.5 偏微分方程式

7.5.1 偏微分方程式とは

偏微分方程式 (partial differential equation) とは，独立変数が 2 つ以上であるような関数の偏導関数に関する方程式のことである．たとえば，以下のように，2 変数関数を $u(x,y)$ とするとき，

$$\frac{\partial^2 u}{\partial x^2} + \frac{\partial^2 u}{\partial y^2} = 0 \tag{7.24}$$

となるような方程式である．

一般的な形状の偏微分方程式の解法を説明するのは紙面と内容から難しいため，ここでは限定的な例のみを紹介する．

7.5.2 楕円偏微分方程式

いま，2 次元の領域 Ω を，$0 < x, y < 1$ とする．また，解となる 2 変数関数を $u(x,y)$，および，与えられる 2 変数関数を $f(x,y)$ とする．このとき，以下の偏微分方程式を考える．

$$\frac{\partial}{\partial x}\left(-k\frac{\partial u}{\partial x}\right) + \frac{\partial}{\partial y}\left(-k\frac{\partial u}{\partial y}\right) = f \tag{7.25}$$

式 (7.25) は，**Poisson (ポワソン) 方程式** (Poisson's equation) とよばれ，$-\Delta u = f$ とも記載される．ここで，以下の制約条件を与える．

- 境界上で，$u = g$ の値を与える．

以上は，**境界値問題**とよばれる．また，上記の条件を **Dirichlet (ディリクレ) 境界条件** (Dirichlet boundary conditions) とよぶ．

(1) 離散格子の作成

次に，差分近似により式 (7.25) を数値計算で求める．そのため，2 次元領域を区画に分割する**離散格子**を作成する．いま，領域 Ω について，x 方向，y 方向に，$m+1$ 等分した離散格子を作る．刻み幅 h は，$h = 1/(m+1)$ とする．このとき，$m = 3$ の例を図 7.5 に示す．

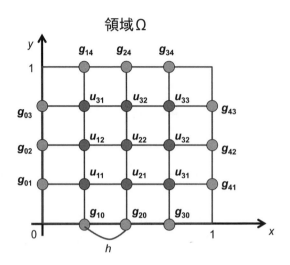

図 **7.5** 離散格子 $(m = 3)$ と境界値

図 7.5 では，格子点 (x, y), $x = i\,h$, $y = j\,h$ における u の値 $u(ih, jh)$ を $u_{i,j}$ と記載する．また，与えられた値（温度）を $g_{i,j}$，解きたい値（温度）を $u_{i,j}$ と記載する．

(2) 差分近似の適用

Poisson 方程式を解くため，偏微分を差分で近似する．ここで，中心差分商（各格子の中心の値で近似）をすると，以下の図 7.6 のようになる．

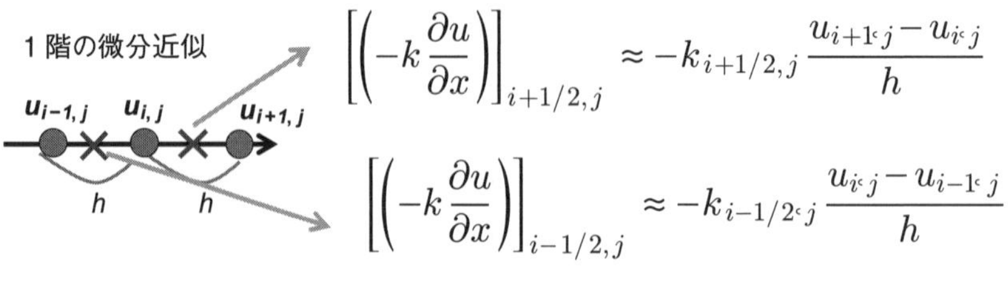

1 階の微分近似

$u_{i-1,j}$ $u_{i,j}$ $u_{i+1,j}$

h h

$$\left[\left(-k\frac{\partial u}{\partial x}\right)\right]_{i+1/2,j} \approx -k_{i+1/2,j}\frac{u_{i+1,j}-u_{i,j}}{h}$$

$$\left[\left(-k\frac{\partial u}{\partial x}\right)\right]_{i-1/2,j} \approx -k_{i-1/2,j}\frac{u_{i,j}-u_{i-1,j}}{h}$$

図 **7.6** Poisson 方程式の 1 階の微分近似

図 7.6 の 1 階の差分近似を，2 階の差分近似に代入すると以下になる．

$$\left[\frac{\partial}{\partial x}\left(-k\frac{\partial u}{\partial x}\right)\right]_{i,j} \approx \frac{-k_{i+1/2,j}u_{i+1,j} + \left(k_{i+\frac{1}{2},j} + k_{i-\frac{1}{2},j}\right)u_{i,j} - k_{i-1/2,j}u_{i-1,j}}{h} \quad (7.26)$$

同様に，y に関する偏微分も以下のように差分近似できる．

$$\left[\frac{\partial}{\partial y}\left(-k\frac{\partial u}{\partial y}\right)\right]_{i,j} \approx \frac{-k_{i+1/2,j}u_{i,j+1} + \left(k_{i,j+\frac{1}{2}} + k_{i,j-\frac{1}{2}}\right)u_{i,j} - k_{i,j-1/2,j}u_{i,j-1}}{h} \quad (7.27)$$

以上から，Poisson 方程式に，導出した 2 階の差分近似を代入すると，以下の方程式を得る．

$$-k_{i,j-1/2}u_{i,j-1} - k_{i-1/2,j}u_{i-1,j} + (k_{i+1/2,j} + k_{i-1/2,j} + k_{i,j+1/2} + k_{i,j-1/2})u_{i,j}$$
$$-k_{i+1/2,j}u_{i+1,j} - k_{i,j+1/2}u_{i,j+1} = h^2 f_{i,j} \quad (7.28)$$

ここで，定数として，以下を定義した．

$$k_{i,j} \equiv k(ih, jh)$$
$$f_{i,j} \equiv f(ih, jh) \quad (7.29)$$

7.6 陽解法と陰解法

7.6.1 陽解法とは

(1) 計算式の導出

式 (7.25) のパラメタ k を，$k=1$ とすると，以下のように Poisson 方程式は簡単に示せる．

$$-\left(\frac{\partial^2 u}{\partial x^2} - \frac{\partial^2 u}{\partial y^2}\right) = f \quad (7.30)$$

このとき，差分近似による式 (7.28) は，

$$-u_{i,j-1} - u_{i-1,j} + 4u_{i,j} - u_{i+1,j} - u_{i,j+1} = h^2 f_{i,j} \quad (7.31)$$

となる．

以上の式 (7.31) を保つように計算を続けると，$u_{i,j}$ の値が，どこかで値が収束すると期待される．このとき，収束した値を解とみなすことができる．すなわち，以下の計算を続ける．

$$u_{i,j} = \frac{1}{4}\left(u_{i,j-1} + u_{i-1,j} + u_{i+1,j} + u_{i,j+1} + h^2 f_{i,j}\right) \quad (7.32)$$

(2) 楕円偏微分方程式の解を求めるアルゴリズム

式 (7.32) を求める方法をアルゴリズム 7.4 に示す．アルゴリズム 7.4 は，先に定義した最新の $new\_u_{i,j}$ を値を，後ほど参照するデータの流れになっている．そのため，Gauss-Seidel 法による反復解法とみなすことができる．

アルゴリズム 7.4　楕円偏微分方程式の解を求める方法

```
1  m および h=1/(m+1) を設定
2  与える温度 g_{i,j} を設定
3    (i=0, 1, …, m+1, j=0, 1, …, m+1. ただし, i=0 と m+1 のときだけ j=1, 2, …, m)
4  解くべき温度の初期値を設定: old_u_{i,j} = 0, new_u_{i,j} = 1 (i,j=1,…,m)
5  while ( 指定回数 ) {
6    new_u_{i,j} = 1/4 (new_u_{i,j-1} + new_u_{i-1,j} + new_u_{i+1,j} + new_u_{i,j+1} + h² f_{i,j}),
        (i,j=1,…,m)
7    if ( |old_u_{i,j} - new_u_{i,j}| < EPS (i,j=1,…,m) ) break;
8    old_u_{i,j} = new_u_{i,j} (i,j=1,…,m)
9  }
10 return new_u_{i,j} (i,j=1,…,m); // 温度分布を返す
```

(計算例) 楕円偏微分方程式の数値解法

　いま, 領域 Ω の周辺の温度 (与えられた温度) を以下に設定する.

- $g_{0,i} = i/M \times \mathrm{MAX\_HEAT}$ ($i = 1, \cdots, M$)
- $g_{i,M+1} = 0$ ($i = 1, \cdots, M$)
- $g_{i,0} = \mathrm{MAX\_HEAT}$ ($i = 1, \cdots, M$)
- $g_{M+1,i} = (M-i)/M \times \mathrm{MAX\_HEAT}$ ($i = 1, \cdots, M$)

また, 以下を設定することとする.

$$f_{i,j} = \sin(i \times j), i,j = 1, \cdots, M, \ M = 3, \ \mathrm{MAX\_HEAT} = 100, \ \mathrm{EPS} = 1.0e\text{-}3.$$

　以上の問題設定における計算格子を図 7.7 に示す.

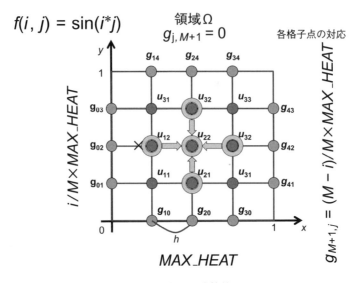

図 7.7　例題の計算格子

　図7.7では，式(7.32)の計算で必要なデータの流れも示している．いま，計算しようとする点を $u_{2,2}$ とするとき，上下左右の4点を参照して計算がなされることに注意する．

　図7.7の計算格子の設定における楕円偏微分方程式の解を求めるアルゴリズムを，アルゴリズム7.5，7.6に，計算例の実行結果を以下に示す．

アルゴリズム 7.5 　楕円偏微分方程式の解を求めるアルゴリズム（Gauss-Seidel法）(1)

```
 1  // 周辺温度の設定
 2  for (j=0; j<M+2; j++) { U[0][j] = MAX_HEAT; }
 3  for (i=1; i<M+1; i++) {
 4    U[i][0] = (double)i / (double)M * MAX_HEAT;
 5    U[i][M + 1] = (double)(M - i) / (double)M * MAX_HEAT;
 6  }
 7  for (j=0; j<M+2; j++) U[M + 1][j] = 0.0;
 8  h = 1.0 / (double)(M + 1);  h_pow = h * h;
 9  // ----------------- メインループ
10  for (i=1; i<=MAX_ITER; i++) {
11    // Gauss-Seidel法による計算
12    MyPoisson (U, h_pow);
13    // 前回の解との差の最大値の計算
14    CalcErr (U, U_old, &dmax);
15    if ( dmax < EPS ) break;
16    // 古い解にする
17    for (ii=1; ii<M+1; ii++) {
18      for (jj=1; jj<M+1; jj++) {
19        U_old[ii][jj] = U[ii][jj];
20  } } }
21  //---------------- メインループの終わり
```

アルゴリズム 7.6　楕円偏微分方程式の解を求めるアルゴリズム（Gauss-Seidel 法）(2)

```
22  // Gauss-Seidel法による計算
23  void MyPoisson (double U_rhs[M + 2][M + 2], double h_pow) {
24    int i, j;
25    // uᵢ,ⱼ = 1/4 (h² fᵢ,ⱼ + uᵢ,ⱼ₋₁ uᵢ₋₁,ⱼ + uᵢ₊₁,ⱼ + uᵢ,ⱼ₊₁ )
26    for (i=1; i<M+1; i++) {
27      for (j=1; j<M+1; j++) {
28        U_rhs[i][j] = 0.25 * ( h_pow * f(i,j) + U_rhs[i][j - 1]
29        + U_rhs[i - 1][j] + U_rhs[i + 1][j] + U_rhs[i][j + 1] );
30  } } }
31  // 前回の解との差の最大値
32  void CalcErr (double U_rhs[M + 2][M + 2], double U_lhs[M + 2][M + 2], double
        *dmax) {
33    int i,j;
34    double dtemp;
35    *dmax = 0.0;
36    for (i=1; i<M+1; i++) {
37      for (j=1; j<M+1; j++) {
38        dtemp = fabs(U_rhs[i][j] - U_lhs[i][j]) / fabs(U_lhs[i][j]);
39        if ( dtemp > *dmax ) *dmax = dtemp;
40  } } }
```

$u_{i,j} = 1/4 (h^2 f_{i,j} + u_{i,j-1} u_{i-1,j} + u_{i+1,j} + u_{i,j+1})$

```
iter= 2 dmax= 1.214527e+00
iter= 4 dmax= 1.076102e-01
iter= 6 dmax= 2.316359e-02
iter= 8 dmax= 5.596447e-03
iter= 10 dmax= 1.387465e-03
 11 Iteration is converged in residual 1.000000e-03
M  = 3
MAX_ITER  = 1000
time = 0.000000 [sec.]
1 1: 6.546550e+01
1 2: 7.141548e+01
1 3: 7.022797e+01
2 1: 5.712977e+01
2 2: 4.996351e+01
2 3: 4.283821e+01
3 1: 4.641845e+01
3 2: 2.855249e+01
3 3: 1.785411e+01
```

(3) 陽解法と解の安定性

アルゴリズム 7.5 は，導出した差分近似の式 (7.31) を満たすように，また，次の計算の値 $new\_u_{i,j}$ を求めるために，1 つ前の値 $old\_u_{i,j}$ を使っている．このような解法を，**陽解法** (explicit method) とよぶ[1]．

陽解法は，刻み幅 h が大きいなどの理由で，元の偏微分方程式との差が大きくなると，正しく計算できなくなる．この状況では，計算結果が収束しないばかりか，解が発散したり振動したりして，真の解から大きくずれてしまう．直感的には，元の方程式を満たすように，各格子上の値（解ベクトルの要素値）の情報が十分に伝搬しなくなる状況がある．その場合，まったく解とかけ離れた値になるか，値が不安点に振動してしまう，という状況に陥ることがある．以上のような状態を**安定ではない** (unstable) とよぶ．

陽解法には**安定性の条件** (stability condition) があることが知られていて，多くの事例で解析がなされている．一般に，刻み幅 h に対して，X 軸の x と Y 軸の y の刻み幅の比率で定まることがある．ただし，ここで示した例は，x と y の刻み幅は同一のため影響がない．

また陽解法では安定性の条件を満たすため，すなわち解へ収束させるために刻み幅を小さくとらざるを得ないケースがある．その場合は，問題が大規模化して計算量が増加することに加えて，反復回数が増えると予想される．したがって，解へ収束させるために必要な計算量の大幅な増大をまねく．結果として，実行時間が増大してしまう欠点がある．

したがって陽解法の計算量の増大は，計算領域が大きな大規模問題に場合に生じることが多い．つまり大規模問題では収束までに現実的ではないほど実行時間が必要になる，もしくは，指定時間内で解へ収束しないという致命的な問題を引き起こす可能性がある．

7.6.2 陰解法とは

(1) 陰解法とは

陽解法の問題は，解の振動や収束しないなどの解の安定性にある．この安定性の問題は，1 つ前の値を用いた計算のやり方や，元の式に適合しない刻み幅の設定などの理由から生じるといえる．

そこで 1 つ前の計算値を用いず，理論的に元の式に適合するように一度に解を求めて安定性の問題をなくすことが考えられる．この考えに基づく解法を，**陰解法** (implicit method) とよぶ[2]．

陰解法は最終的に連立一次方程式に帰着させてから，その解を求める必要がある．

---

[1] 別の言葉でいうと陽解法は，現在求めようとしている値を使って計算しなくても，今わかっている値だけを使って簡単に計算できる方法である．たとえば，$new\_u_{i,j}$ を求めるために，$new\_u_{i,j}$ を利用しないで計算できる方法である．

[2] 別の言葉でいうと陰解法は，現在求めようとしている値を使って計算する方法である．たとえば，$new\_u_{i,j}$ を求めるために $new\_u_{i,j}$ を利用するため，ふつうは単純な計算では解を求めることができない．

(2)　疎行列の導出

再び，簡略化された Poisson 方程式を考える．この差分近似による式 (7.28) を再掲する．

$$-u_{i,j-1} - u_{i-1,j} + 4u_{i,j} - u_{i+1,j} - u_{i,j+1} = h^2 f_{i,j} \tag{7.33}$$

上記の式 (7.33) について，求めるべき解ベクトル u に関連する行列表記を考える．

ここで，解ベクトル u を以下とする．

$$u = (u_{1,1},\, u_{2,1},\, \cdots,\, u_{m,1},\, u_{1,2},\, u_{2,2},\, \cdots,\, u_{m,2},\, \cdots,\, u_{m,m})^T \tag{7.34}$$

u の変数の順序づけは**オーダリング** (ordering) とよばれる．オーダリングは，疎行列構造に影響する．また，プログラムの実行時間にも大きく影響する．そのため高速となるオーダリングを考えることは重要である．

さて以上のとき，連立一次方程式 $Au = b$ への帰着を考える．

いま，単純にするため，$m = 3$ とする．このとき，疎行列 A と右辺ベクトル b は，以下になる．

$$
A = \begin{pmatrix}
4 & -1 & & -1 & & & & & \\
-1 & 4 & -1 & & -1 & & & & \\
& -1 & 4 & & & -1 & & & \\
-1 & & & 4 & -1 & & -1 & & \\
& -1 & & -1 & 4 & -1 & & -1 & \\
& & -1 & & -1 & 4 & & & -1 \\
& & & -1 & & & 4 & -1 & \\
& & & & -1 & & -1 & 4 & -1 \\
& & & & & -1 & & -1 & 4
\end{pmatrix}, \
b = \begin{pmatrix}
h^2 f_{1,1} + g_{1,0} + g_{0,1} \\
h^2 f_{2,1} + g_{2,0} \\
h^2 f_{3,1} + g_{3,0} + g_{4,1} \\
h^2 f_{1,2} + g_{0,2} \\
h^2 f_{2,2} \\
h^2 f_{3,2} + g_{4,2} \\
h^2 f_{1,3} + g_{0,3} + g_{1,4} \\
h^2 f_{2,3} + g_{2,4} \\
h^2 f_{3,3} + g_{4,3} + g_{3,4}
\end{pmatrix}
\tag{7.35}
$$

ここで，式 (7.35) の行列 A と領域 Ω における計算格子との関係を図 7.8 に示す．

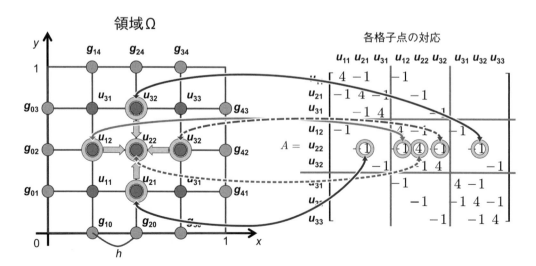

図 **7.8**　計算格子と行列 A の対応

(3) 疎行列の連立一次方程式の求解

式 (7.35) からなる連立一次方程式 $Au = b$ の解ベクトル u が答えとなる．ここで，解法は何でもよい．たとえば，直接解法であれば LU 分解法，反復解法では SOR 法など，任意の解法を選ぶことができる．

ただし，導出された式 (7.35) の行列 A は，0 の多い行列である．そのため，直接解法（LU 分解法など）を適用すると，計算量とメモリ量が増して，大規模な問題が解けない事態に陥ることが多い．そのため，**疎行列データ構造** (sparse data structure) と疎行列の反復解法を適用して解を求めるのが一般的である．ただし，行列 A の数値特性に依存するが，反復解法で解を求めることが困難な場合は，直接解法が利用されることがある．この場合でも，疎行列の特性を生かして，メモリ量と計算量を削減した方法が用いられるのが一般的である．

図 7.7 の計算格子の設定における，楕円偏微分方程式の解を求めるアルゴリズム（陰解法：LU 分解法）をアルゴリズム 7.7，7.8 に示す．

アルゴリズム 7.7 楕円偏微分方程式の解を求めるアルゴリズム（陰解法：LU 分解法）(1)

```
1  //係数行列設定：A, b -----------------------------------------
2  for (i=0; i<N; i++) {
3    for (j=0; j<N; j++) {
4      A[i][j] = 0.0;
5  } }
6  // 上部
7  for (ii=0; ii<=M; ii++) {
8    i =  ii / M + 1;  j =  ii % M + 1;
9    A[ii][ii] = 4.0;  b[ii] = h_pow * sin((double)i * (double)j);
10   if (ii == 0) {
11     b[ii] += MAX_HEAT + (double)i / (double)M * MAX_HEAT;
12     A[ii][ii + 1] = -1.0;  A[ii][ii+M] = -1.0;
13   } else if (ii == M-1) {
14     b[ii] += MAX_HEAT + (double)(M - i) / (double)M * MAX_HEAT;
15     A[ii][ii - 1] = -1.0;  A[ii][ii + M] = -1.0;
16   } else if (ii == M ) {
17     b[ii] += (double)i / (double)M * MAX_HEAT;
18     A[ii][ii + 1] = -1.0;  A[ii][ii - M] = A[ii][ii + M] = -1.0;
19   } else {
20     b[ii] += MAX_HEAT;
21     A[ii][ii - 1] = A[ii][ii + 1] = -1.0;  A[ii][ii + M] = -1.0;
22   }
23 }
```

アルゴリズム 7.8 　楕円偏微分方程式の解を求めるアルゴリズム（陰解法：LU 分解法）(2)

```
24 // 下部
25 for (ii=N-M-1; ii<N; ii++) {
26   i = ii / M + 1;  j = ii % M + 1;
27   A[ii][ii] = 4.0;  b[ii] = h_pow * sin((double)i * (double)j);
28   if (ii == N-M-1) {
29     b[ii] += (double)(M - i) / (double)M * MAX_HEAT;
30     A[ii][ii - 1] = -1.0;  A[ii][ii - M] = A[ii][ii + M] = -1.0;
31   } else if (ii == N-M) {
32     b[ii] += 0.0 + (double)i / (double)M * MAX_HEAT;
33     A[ii][ii + 1] = -1.0;  A[ii][ii - M] = -1.0;
34   } else if (ii == N-1) {
35     b[ii] += 0.0 + (double)(M - i) / (double)M * MAX_HEAT;
36     A[ii][ii - 1] = -1.0;  A[ii][ii - M] = -1.0;
37   } else {
38     b[ii] += 0.0;
39     A[ii][ii - 1] = A[ii][ii + 1] = -1.0;  A[ii][ii - M] = -1.0;
40 } }
41 // その他の部分
42 for (ii=M+1; ii<=N-M-2; ii++) {
43   i = ii / M + 1;  j = ii % M + 1;
44   A[ii][ii] = 4.0;  b[ii] = h_pow * sin((double)i * (double)j);
45   A[ii][ii - 1] = A[ii][ii + 1] = -1.0;  A[ii][ii - M] = A[ii][ii + M] = -1.0;
46 }
47 // 係数の設定の終わり------------------------------
48 // 陰解法による求解（LU分解法）--------------------
49 MyLUsolve (A, b, x, N);
```

（計算例）7.6.1 項 (2) の計算例の，陰解法による実行結果を示す.

```
A:
 4.0 -1.0  0.0 -1.0  0.0  0.0  0.0  0.0  0.0
-1.0  4.0 -1.0  0.0 -1.0  0.0  0.0  0.0  0.0
 0.0 -1.0  4.0  0.0  0.0 -1.0  0.0  0.0  0.0
-1.0  0.0  0.0  4.0 -1.0  0.0 -1.0  0.0  0.0
 0.0 -1.0  0.0 -1.0  4.0 -1.0  0.0 -1.0  0.0
 0.0  0.0 -1.0  0.0 -1.0  4.0  0.0  0.0 -1.0
 0.0  0.0  0.0 -1.0  0.0  0.0  4.0 -1.0  0.0
 0.0  0.0  0.0  0.0 -1.0  0.0 -1.0  4.0 -1.0
 0.0  0.0  0.0  0.0  0.0 -1.0  0.0 -1.0  4.0
b:
1.333859e+02 1.000568e+02 1.666755e+02 6.672350e+01 -4.730016e-02
 3.331587e+01 1.000088e+02 -1.746347e-02 2.575741e-02
M = 3
time = 0.000000 [sec.]
0 : 6.550009e+01
1 : 7.145007e+01
2 : 7.024526e+01
3 : 5.716436e+01
4 : 4.999810e+01
5 : 4.285550e+01
6 : 4.643574e+01
7 : 2.856979e+01
8 : 1.786276e+01
```

7.7　より深く学ぶために：疎行列データ形式

7.7.1　疎行列データ形式

　前節の Poisson 方程式の陰解法で示した行列 A は，0 の多い行列である．このような行列を，**疎行列** (sparse matrix) という.

　疎行列に対して，0 の値を保持すると計算がされないので，無駄な計算量の増大を招く．そこで，0 を除いた要素のみ保持する．この 0 を除いた疎行列のデータ構造のことを，**疎行列データ形式** (sparse matrix format) という.

　疎行列データ形式では，零要素がある行や列の情報を知るためのデータ構造が必要となる．さらに，演算性能も考慮しないといけない．本書では詳しく解説しないが，現代の計算機は，配列の連続アクセスをすると高速になる仕組みになっているため，データの連続アクセス性が考慮されるべきである．また，キャッシュメモリという小容量の高速なメモリが実装されているため，データアクセスの局所性があるとよい.

　以上の特徴を考慮した疎行列データ形式について，ごく一部を紹介する.

- COO (Coordinate) 形式: 行および列の情報をもつ素直な形式である.

- CRS (Compressed Row Storage), CSR (Compressed Sparse Row) 形式：たとえば行方向に非零要素を圧縮し，列情報をもつ方式．実行性能の良さとともに，よく用いられている．

- ELL (Ellpack) 形式：行あたりの非零要素数がほぼ等しいときに，メモリ効率の良い形式．また，連続アクセス性が高い．

- DIA (Diagonal) 形式：対角行列専用の形式．それ以外の行列は使えないが，連続アクセス性が高い．

7.7.2　疎行列データ形式と疎行列–ベクトル積

　本書では詳しく紹介できないが，疎行列の連立一次方程式の解法では，反復解法が用いられる．この反復解法の主流なアルゴリズムのうち，クリロフ部分空間法とよばれる方法では，**疎行列–ベクトル積** (Sparse Matrix-vector Multiplication, SpMV) とよばれる，疎行列 A と密ベクトル x との積 Ax が主演算になる．そのため，高速な SpMV の方法が活発に研究されている．

　SpMV 演算は，疎行列データ形式の違いでプログラム（実装）が異なるだけでなく，実行性能が異なる．どの疎行列データ形式がよいかは，非零要素の分布と計算機アーキテクチャの特徴に依存し，扱う疎行列により異なることが知られている．詳しくは，（片桐，2015）[6] を参照すること．

演習課題

問題 7.1（Euler 法）　7.3.2 項 (2) にて説明した Euler 法のアルゴリズム（アルゴリズム 7.1）を実装せよ．7.3.2 項 (2) に示した計算例と同様の実行結果が得られることを確認せよ．

問題 7.2（Heun 法）　7.3.3 項 (2) にて説明した Heun 法のアルゴリズム（アルゴリズム 7.2）を実装せよ．7.3.3 項 (2) に示した計算例と同様の実行結果が得られることを確認せよ．

問題 7.3（Runge-Kutta 法）　7.3.4 項 (2) にて説明した Runge-Kutta 法のアルゴリズム（アルゴリズム 7.3）を実装せよ．7.3.4 項 (2) に示した計算例と同様の実行結果が得られることを確認せよ．

問題 7.4（陽解法）　7.6.1 項 (2) にて説明した楕円偏微分方程式の解を求めるアルゴリズム（アルゴリズム 7.5，アルゴリズム 7.6）を実装せよ．7.6.1 項 (2) の計算例（M=3，MAX_HEAT=100，MAX_ITER=1000，EPS=1.0e-3）を計算し，同様の実行結果が得られることを確認せよ．

問題 7.5（陰解法）　7.6.2 項にて説明した楕円偏微分方程式の解を求めるのアルゴリズム（アルゴリズム 7.7, アルゴリズム 7.8）を実装せよ. 7.6.2 項 (3) の計算例（M=3, N=9, MAX_HEAT=100）を計算し, 同様の実行結果が得られることを確認せよ.

問題 7.6（陽解法と陰解法の比較）　陽解法と陰解法のプログラムの N の数を増やして実行時間を比較せよ. どのぐらい大きな N になると, 陰解法が高速となるだろうか. ここで陽解法では, N を大きくする場合は M も同様の比率で増やさないと, 解は不安定となるため注意すること.

問題 7.7（連立 1 階微分方程式の解法）　以下の常微分方程式

$$\frac{dy_1}{dx} = y_2,$$
$$\frac{dy_2}{dx} = -a \cdot y_2 - b \cdot y_1^3 + f \cdot \cos(\omega x),$$
$$y_1(0) = 0, \ y_2(0) = 0 \tag{7.36}$$

は, ダフィング方程式 (Duffing equation) から導出されたものである.

　以上のダフィング方程式について, 7.4 節にて説明した Runge-Kutta 法を用いた計算手順により y_1 の値を計算せよ. ここで, a=0.05, b=1.0, ω=1.0, および f=7.0 として, 刻み幅 h=0.005 とするとき, x の範囲 [3000, 3200] で解 y_1 の値を調べよ.

プログラム解説

問題 7.1（Euler 法）　プログラム例をソースコード C7.1 およびソースコード F7.1 に示す．
実行結果例は 7.3.2 項で紹介したとおりであるため省略する．

```c
#include <stdio.h>
#include <math.h>

double f (const double x, const double y) {
  return log(x);
}

int main() {
  double a, b, h, x0, y0, x, y, y_ans;
  int N, i;
  /* 初期値設定 */
  a = 1.0;
  b = 3.0;
  N = 10;
  h = (b-a)/(double)N;
  x0 = 1.0;
  y0 = 1.0;
  /* Euler法の計算 */
  printf("a:%e, b:%e, h:%e / N = %d\n", a, b, h, N);
  printf("x0 = %e, y0 = y(x0) = %e\n\n", x0, y0);
  x = x0;
  y = y0;
  printf("x0: %e, y0: %e\n", x, y);
  for (i=0; i<N; i++) {
    y = y + h * f(x, y);
    x = x + h;
    printf("x: %e, y: %e\n", x, y);
  }
  printf("\n");
  /* 真値との比較 */
  y_ans = 3.0*log(3.0)-1.0;
  printf("y_ans(x=3) = %e\n", y_ans);
  printf("|y_ans - y|/|y_ans| = %e\n", fabs(y_ans-y)/fabs(y_ans));
  return 0;
}
```

ソースコード **C7.1**　Euler 法プログラム 7_1_euler.c

```fortran
 1  module procedures
 2  contains
 3    real(kind=8) function f (x, y)
 4      implicit none
 5      real(kind=8),intent(in) :: x, y
 6      f = log(x)
 7    end function f
 8  end module procedures
 9
10  program main
11    use procedures
12    implicit none
13    real(kind=8) :: a, b, h, x0, y0, x, y, y_ans
14    integer      :: N, i
15    ! 初期値設定
16    a = 1.0d0
17    b = 3.0d0
18    N = 10
19    h = (b-a)/dble(N)
20    x0 = 1.0d0
21    y0 = 1.0d0
22    ! Euler法の計算
23    write(*,fmt='(3(a,e13.7),a,i0)') "a:", a, ", b:", b, ", h:", h, " / N = ", N
24    write(*,fmt='(2(a,e13.7))') "x0 = ", x0, ", y0 = y(x0) = ", y0
25    write(*,*)""
26    x = x0
27    y = y0
28    write(*,fmt='(2(a,e13.7))') "x0: ", x, ", y0: ", y
29    do i=1, N
30       y = y + h * f(x, y)
31       x = x + h
32       write(*,fmt='(2(a,e13.7))') "x: ", x, ", y: ", y
33    end do
34    write(*,*)""
35    ! 真値との比較
36    y_ans = 3.0d0*log(3.0d0)-1.0d0
37    write(*,fmt='(a,e13.7)') "y_ans(x=3) = ", y_ans
38    write(*,fmt='(a,e13.7)') "|y_ans - y|/|y_ans| = ", dabs(y_ans-y)/dabs(y_ans)
39    stop
40  end program main
```

ソースコード **F7.1**　Euler法プログラム 7_1_euler.f90

問題7.2（Heun法） プログラム例をソースコード C7.2 およびソースコード F7.2 に示す．
実行結果例は 7.3.3 項で紹介したとおりであるため省略する．

```c
1  #include <stdio.h>
2  #include <math.h>
3
4  double f (const double x, const double y) {
5    return log(x);
6  }
7
8  int main() {
9    double a, b, h, x0, y0, k1, k2, x, y, y_ans;
10   int N, i;
11   /* 初期値設定 */
12   a = 1.0;
13   b = 3.0;
14   N = 10;
15   h = (b-a)/(double)N;
16   x0 = 1.0;
17   y0 = 1.0;
18   /* Heun法の計算 */
19   printf("a:%e, b:%e, h:%e / N = %d\n", a, b, h, N);
20   printf("x0 = %e, y0 = y(x0) = %e\n\n", x0, y0);
21   x = x0;
22   y = y0;
23   printf("x0: %e, y0: %e\n", x, y);
24   for (i=0; i<N; i++) {
25     k1 = f(x, y);
26     k2 = f(x+h, y+h*k1);
27     y = h*(k1+k2)/2.0 + y ;
28     x = x + h;
29     printf("x: %e, y: %e\n", x, y);
30   }
31   printf("\n");
32   /* 真値との比較 */
33   y_ans = 3.0*log(3.0)-1.0;
34   printf("y_ans(x=3) = %e\n", y_ans);
35   printf("|y_ans - y|/|y_ans| = %e\n", fabs(y_ans-y)/fabs(y_ans));
36   return 0;
37 }
```

ソースコード **C7.2** Heun法プログラム 7_2_heun.c

```fortran
 1 module procedures
 2 contains
 3   real(kind=8) function f (x, y)
 4     implicit none
 5     real(kind=8),intent(in) :: x, y
 6     f = log(x)
 7   end function f
 8 end module procedures
 9
10 program main
11   use procedures
12   implicit none
13   real(kind=8) :: a, b, h, x0, y0, k1, k2, x, y, y_ans
14   integer      :: N, i
15   ! 初期値設定
16   a = 1.0d0
17   b = 3.0d0
18   N = 10
19   h = (b-a)/dble(N)
20   x0 = 1.0d0
21   y0 = 1.0d0
22   ! Heun法の計算
23   write(*,fmt='(3(a,e13.7),a,i0)') "a:", a, ", b:", b, ", h:", h, " / N = ", N
24   write(*,fmt='(2(a,e13.7))') "x0 = ", x0, ", y0 = y(x0) = ", y0
25   write(*,*)""
26   x = x0
27   y = y0
28   write(*,fmt='(2(a,e13.7))') "x0 :", x, ", y0: ", y
29   do i=1, N
30      k1 = f(x, y)
31      k2 = f(x+h, y+h*k1);
32      y = h*(k1+k2)/2.0d0 + y
33      x = x + h
34      write(*,fmt='(2(a,e13.7))') "x: ", x, ", y: ", y
35   end do
36   write(*,*)""
37   ! 真値との比較
38   y_ans = 3.0d0*log(3.0d0)-1.0d0
39   write(*,fmt='(a,e13.7)') "y_ans(x=3) = ", y_ans
40   write(*,fmt='(a,e13.7)') "|y_ans - y|/|y_ans| = ", dabs(y_ans-y)/dabs(y_ans)
41   stop
42 end program main
```

ソースコード **F7.2**　Heun法プログラム 7_2_heun.f90

問題7.3（Runge-Kutta法）　プログラム例をソースコード C7.3 およびソースコード F7.3 に示す．実行結果例は 7.3.4 項で紹介したとおりであるため省略する．

```c
#include <stdio.h>
#include <math.h>

double f (const double x, const double y) {
  return log(x);
}

int main() {
  double a, b, h, x0, y0, k1, k2, k3, k4, x, y, y_ans;
  int N, i;
  /* 初期値設定 */
  a = 1.0;
  b = 3.0;
  N = 10;
  h = (b-a)/(double)N;
  x0 = 1.0;
  y0 = 1.0;
  /* Runge-Kutta法の計算 */
  printf("a:%e, b:%e, h:%e / N = %d\n", a, b, h, N);
  printf("x0 = %e, y0 = y(x0) = %e\n\n", x0, y0);
  x = x0;
  y = y0;
  printf("x0: %e, y0: %e\n", x, y);
  for (i=0; i<N; i++) {
    k1 = f(x, y);
    k2 = f(x+(h/2.0), y+(h/2.0)*k1);
    k3 = f(x+(h/2.0), y+(h/2.0)*k2);
    k4 = f(x+h, y+h*k3);
    y = h*(k1+2.0*k2+2.0*k3+k4)/6.0 + y;
    x = x + h;
    printf("x: %e, y: %e\n", x, y);
  }
  printf("\n");
  /* 真値との比較 */
  y_ans = 3.0*log(3.0)-1.0;
  printf("y_ans(x=3) = %e\n", y_ans);
  printf("|y_ans - y|/|y_ans| = %e\n", fabs(y_ans-y)/fabs(y_ans));
  return 0;
}
```

ソースコード **C7.3**　Runge-Kutta 法プログラム 7_3_runge-kutta.c

```
1  module procedures
2  contains
3    real(kind=8) function f (x, y)
4      implicit none
5      real(kind=8),intent(in) :: x, y
6      f = log(x)
7    end function f
8  end module procedures
9
10 program main
11   use procedures
12   implicit none
13   real(kind=8) :: a, b, h, x0, y0, k1, k2, k3, k4, x, y, y_ans
14   integer      :: N, i
15   ! 初期値設定
16   a = 1.0d0
17   b = 3.0d0
18   N = 10
19   h = (b-a)/dble(N)
20   x0 = 1.0d0
21   y0 = 1.0d0
22   ! Runge-Kutta法の計算
23   write(*,fmt='(3(a,e13.7),a,i0)') "a:", a, ", b:", b, ", h:", h, " / N = ", N
24   write(*,fmt='(2(a,e13.7))') "x0 = ", x0, ", y0 = y(x0) = ", y0
25   write(*,*)""
26   x = x0
27   y = y0
28   write(*,fmt='(2(a,e13.7))') "x0 :", x, ", y0: ", y
29   do i=1, N
30      k1 = f(x, y)
31      k2 = f(x+(h/2.0d0), y+(h/2.0d0)*k1)
32      k3 = f(x+(h/2.0d0), y+(h/2.0d0)*k2)
33      k4 = f(x+h, y+h*k3)
34      y = h*(k1+2.0d0*k2+2.0d0*k3+k4)/6.0d0 + y
35      x = x + h
36      write(*,fmt='(2(a,e13.7))') "x: ", x, ", y: ", y
37   end do
38   write(*,*)""
39   ! 真値との比較
40   y_ans = 3.0d0*log(3.0d0)-1.0d0
41   write(*,fmt='(a,e13.7)') "y_ans(x=3) = ", y_ans
42   write(*,fmt='(a,e13.7)') "|y_ans - y|/|y_ans| = ", dabs(y_ans-y)/dabs(y_ans)
43   stop
44 end program main
```

ソースコード **F7.3**　Runge-Kutta法プログラム 7_3_runge-kutta.f90

問題7.4（陽解法）　プログラム例をソースコード C7.4 およびソースコード F7.4 に示す．実行結果例は 7.6.1 項で紹介したとおりであるため省略する．

```c
#include <stdio.h>
#include <stdlib.h>
#include <math.h>

/* Gauss-Seidel法による計算 */
void MyPoisson (int m, double U_rhs[m+2][m+2], double h_pow) {
  int i, j;
  // u_{i,j} = 1/4 (h^2 f_{i,j} + u_{i,j-1} +u_{i-1,j}+u_{i+1,j}+u_{i,j+1})
  for (i=1; i<m+1; i++) {
    for (j=1; j<m+1; j++) {
      U_rhs[i][j] = 0.25 *
        ( h_pow * sin((double)i * (double)j) +
          U_rhs[i][j-1] + U_rhs[i-1][j] + U_rhs[i+1][j] + U_rhs[i][j+1] );
} } }

/* 前回の解との差の最大値 */
void CalcErr (int m,
const double U_rhs[m+2][m+2], const double U_lhs[m+2][m+2], double *dmax) {
  int i,j;
  double dtemp;
  *dmax = 0.0;
  for (i=1; i<m+1; i++) {
    for (j=1; j<m+1; j++) {
      dtemp = fabs(U_rhs[i][j] - U_lhs[i][j])/fabs(U_lhs[i][j]);
      if (dtemp > *dmax) *dmax = dtemp;
} } }


#define M 3
#define MAX_ITER 1000
#define MAX_HEAT 100.0
#define EPS 1.0e-3

int main() {
  double U[M+2][M+2], U_old[M+2][M+2];
  double h, h_pow, dmax;
  int i, j, ii, jj, converged;
```

ソースコード **C7.4**　陽解法プログラム 7_4_PoissonGS.c

```
38  /* 初期化、周辺温度の設定 */
39  for (i=0; i<M+2; i++) {
40   for (j=0; j<M+2; j++) {
41      U[i][j] = 0.0; U_old[i][j] = 0.0;
42   }
43  }
44  for (j=0; j<M+2; j++) { U[0][j] = MAX_HEAT; }
45  for (i=1; i<M+1; i++) {
46    U[i][0] = (double)i/(double)M * MAX_HEAT;
47    U[i][M+1] = (double)(M-i)/(double)M * MAX_HEAT;
48  }
49  for (j=0; j<M+2; j++) { U[M+1][j] = 0.0; }
50  h = 1.0 / (double)(M+1);
51  h_pow = h*h;
52  converged = 0;
53
54  /* メインループ */
55  for (i=1; i<=MAX_ITER; i++) {
56    /* Gauss-Seidel法による計算 */
57    MyPoisson(M, U, h_pow);
58    /* 前回の解との差の最大値の計算 */
59    CalcErr(M, U, U_old, &dmax);
60    if (i%2 == 0) { printf("iter= %d dmax= %e\n", i, dmax); }
61    if (dmax < EPS) {
62      printf(" %d Iteration is converged in residual %e\n", i, EPS);
63      converged = 1;
64      break;
65    }
66    /* 古い解にする */
67    for (ii=1; ii<M+1; ii++) {
68      for (jj=1; jj<M+1; jj++) {
69        U_old[ii][jj] = U[ii][jj];
70      }
71    }
72  }
73  if (converged == 0)
74    printf("Iteration is not converged within %d times.\n", MAX_ITER);
75  /* 結果の確認 */
76  printf("M = %d\n", M);
77  printf("MAX_ITER = %d\n", MAX_ITER);
78  for (ii=1; ii<M+1; ii++) {
79    for (jj=1; jj<M+1; jj++) {
80      printf("%d %d: %e\n", ii, jj, U[ii][jj]);
81    }
82  }
83  return 0;
84 }
```

ソースコード **C7.4**（続き）　陽解法プログラム 7_4_PoissonGS.c

```fortran
1  module procedures
2  contains
3    ! Gauss-Seidel法による計算
4    subroutine MyPoisson (M, U_rhs, h_pow)
5      implicit none
6      integer,intent(in)                      :: M
7      real(kind=8),dimension(:,:),intent(inout) :: U_rhs
8      real(kind=8),intent(in)                 :: h_pow
9      integer :: i, j
10     ! u_{i,j} = 1/4 (h^2 f_{i,j} + u_{i,j-1} +u_{i-1,j}+u_{i+1,j}+u_{i,j+1})
11     do i=2, M+1
12        do j=2, M+1
13           U_rhs(i,j) = 0.25d0 * &
14               ( h_pow * dsin(dble(i-1) * dble(j-1)) + &
15               U_rhs(i,j-1) + U_rhs(i-1,j) + U_rhs(i+1,j) + U_rhs(i,j+1) )
16        end do
17     end do
18   end subroutine MyPoisson
19   ! 前回の解との差の最大値
20   subroutine CalcErr (M, U_rhs, U_lhs, dmax)
21     implicit none
22     integer,intent(in)                    :: M
23     real(kind=8),dimension(:,:),intent(in) :: U_rhs, U_lhs
24     real(kind=8),intent(inout)            :: dmax
25     real(kind=8)                          :: dtemp
26     integer                               :: i, j
27     dmax = 0.0d0
28     do i=2, M+1
29        do j=2, M+1
30           dtemp = dabs(U_rhs(i,j) - U_lhs(i,j))/dabs(U_lhs(i,j))
31           if (dtemp > dmax) dmax = dtemp
32        end do
33     end do
34   end subroutine CalcErr
35 end module procedures
36
37
38 program main
39   use procedures
40   implicit none
41   integer,parameter             :: M = 3
42   integer,parameter             :: MAX_ITER = 1000
43   real(kind=8),parameter        :: MAX_HEAT = 100.0d0
44   real(kind=8),parameter        :: EPS = 1.0d-3
45   real(kind=8),dimension(M+2,M+2) :: U, U_old
46   real(kind=8)                  :: h, h_pow, dmax
47   integer                       :: i, j, ii, jj, converged
```

ソースコード **F7.4** 陽解法プログラム 7_4_PoissonGS.f90

```
48  ! 初期化、周辺温度の設定
49  do i=1, M+2
50     do j=1, M+2; U(i,j) = 0.0d0; U_old(i,j) = 0.0d0; end do
51  end do
52  do j=1, M+2; U(1,j) = MAX_HEAT; end do
53  do i=2, M+1
54     U(i,1) = dble(i-1)/dble(M) * MAX_HEAT
55     U(i,M+2) = dble(M-(i-1))/dble(M) * MAX_HEAT
56  end do
57  do j=1, M+2; U(M+2,j) = 0.0d0; end do
58  h = 1.0d0 / dble(M+1)
59  h_pow = h*h
60  converged = 0
61  ! メインループ
62  do i=1, MAX_ITER
63     ! Gauss-Seidel法による計算
64     call MyPoisson(M, U, h_pow)
65     ! 前回の解との差の最大値の計算
66     call CalcErr(M, U, U_old, dmax)
67     if (mod(i,2) == 0) then
68        write(*,fmt='(a,i0,a,e13.7)') "iter= ", i, " dmax= ", dmax
69     end if
70     if (dmax < EPS) then
71        write(*,fmt='(1x,i0,a,e13.7)') &
72             i, " Iteration is converged in residual ", EPS
73        converged = 1
74        exit
75     end if
76     ! 古い解にする
77     do ii=2, M+1
78        do jj=2, M+1; U_old(ii,jj) = U(ii,jj); end do
79     end do
80  end do
81  if (converged == 0) then
82     write(*,fmt='(a,i0,a)') &
83          "Iteration is not converged within ", MAX_ITER, " times."
84  end if
85  write(*,fmt='(a,i0)') "M = ", M
86  write(*,fmt='(a,i0)') "MAX_ITER = ", MAX_ITER
87  do ii=1, M
88     do jj=1, M
89        write(*,fmt='(i0,1x,i0,a,1x,e13.7)') ii, jj, ":", U(ii+1,jj+1)
90     end do
91  end do
92  stop
93 end program main
```

ソースコード **F7.4**（続き）　陽解法プログラム 7_4_PoissonGS.f90

問題 7.5（陰解法）　　プログラム例をソースコード C7.5 およびソースコード F7.5 に示す.
LU 分解法についてはすでに 5 章などで扱っているため省略する. 実行結果例は 7.6.2 項で紹
介したとおりであるため省略する.

```c
#define M 3
#define N 9
#define MAX_HEAT 100.0

int main() {
  double A[N][N], b[N], x[N], c[N];
  double h, h_pow;
  int i, j, ii;
  h = 1.0 / (double)(M+1);
  h_pow = h*h;
  /* 係数行列設定、ここから */
  for (i=0; i<N; i++) {
    for (j=0; j<N; j++) {
      A[i][j] = 0.0;
    }
  }
  /* 上部 */
  for (ii=0; ii<=M; ii++) {
    i =  ii / M + 1;
    j =  ii % M + 1;
    A[ii][ii] = 4.0;
    b[ii] = h_pow * sin((double)i * (double)j);
    if (ii == 0) {
      b[ii] += MAX_HEAT + (double)i/(double)M * MAX_HEAT;
      A[ii][ii+1] = -1.0;
      A[ii][ii+M] = -1.0;
    } else if (ii == (M-1)) {
      b[ii] += MAX_HEAT + (double)(M-i)/(double)M * MAX_HEAT;
      A[ii][ii-1] = -1.0;
      A[ii][ii+M] = -1.0;
    } else if (ii == M ) {
      b[ii] += (double)i/(double)M * MAX_HEAT;
      A[ii][ii+1] = -1.0;
      A[ii][ii-M] = -1.0;
      A[ii][ii+M] = -1.0;
    } else {
      b[ii] += MAX_HEAT;
      A[ii][ii-1] = -1.0;
      A[ii][ii+1] = -1.0;
      A[ii][ii+M] = -1.0;
    }
  }
```

ソースコード **C7.5**　陰解法プログラム 7_5_PoissonLU.c

```
43   /* 下部 */
44   for (ii=(N-M-1); ii<N; ii++) {
45     i = ii / M + 1;    j = ii % M + 1;
46     A[ii][ii] = 4.0;
47     b[ii] = h_pow * sin((double)i * (double)j);
48     if (ii == (N-M-1)) {
49       b[ii] += (double)(M-i)/(double)M * MAX_HEAT;
50       A[ii][ii-1] = -1.0;      A[ii][ii-M] = -1.0;      A[ii][ii+M] = -1.0;
51     } else if (ii == (N-M)) {
52       b[ii] += 0.0 + (double)i/(double)M * MAX_HEAT;
53       A[ii][ii+1] = -1.0;      A[ii][ii-M] = -1.0;
54     } else if (ii == (N-1) ) {
55       b[ii] += 0.0 + (double)(M-i)/(double)M * MAX_HEAT;
56       A[ii][ii-1] = -1.0;      A[ii][ii-M] = -1.0;
57     } else {
58       b[ii] += 0.0;
59       A[ii][ii-1] = -1.0;      A[ii][ii+1] = -1.0;      A[ii][ii-M] = -1.0;
60     }
61   }
62   /* その他の部分 */
63   for (ii=M+1; ii<=N-M-2; ii++) {
64     i = ii / M + 1;    j = ii % M + 1;
65     A[ii][ii] = 4.0;
66     b[ii] = h_pow * sin((double)i * (double)j);
67     A[ii][ii-1] = -1.0;    A[ii][ii+1] = -1.0;
68     A[ii][ii-M] = -1.0;    A[ii][ii+M] = -1.0;
69   }
70   /* 係数行列設定、ここまで */
71   /* 行列とベクトルの確認 */
72   printf("A:\n");
73   for (i=0; i<N; i++) {
74     for (j=0; j<N; j++) { printf(" %4.1f", A[i][j]); }
75     printf("\n");
76   }
77   printf("b:\n");
78   for (i=0; i<N; i++) { printf(" %e", b[i]); }
79   printf("\n");
80   /* 陰解法による求解（LU分解法） */
81   MyLUsolve(N, A, b, x, c);
82   /* 結果の確認 */
83   printf("M = %d\n", M);
84   for (i=0; i<N; i++) { printf("%d : %e\n" ,i, x[i]); }
85   return 0;
86 }
```

ソースコード **C7.5**（続き） 陰解法プログラム 7_5_PoissonLU.c

```fortran
program main
  use procedures
  implicit none
  integer,parameter          :: M = 3
  integer,parameter          :: N = 9
  real(kind=8),parameter     :: MAX_HEAT = 100.0d0
  real(kind=8),dimension(N,N) :: A
  real(kind=8),dimension(N)   :: b, x, c
  real(kind=8)               :: h, h_pow
  integer                    :: i, j, ii
  h = 1.0d0 / dble(M+1)
  h_pow = h*h
  ! 係数行列設定
  do i=1, N
     do j=1, N
        A(i,j) = 0.0d0
     end do
  end do
  ! 上部
  do ii=1, M+1
     i =  (ii-1) / M + 1
     j =  mod(ii-1, M) + 1
     A(ii,ii) = 4.0d0
     b(ii) = h_pow * sin(dble(i) * dble(j))
     if (ii == 1) then
        b(ii) = b(ii) + MAX_HEAT + dble(i)/dble(M) * MAX_HEAT
        A(ii,ii+1) = -1.0d0
        A(ii,ii+M) = -1.0d0
     else if (ii == M) then
        b(ii) = b(ii) + MAX_HEAT + dble(M-i)/dble(M) * MAX_HEAT
        A(ii,ii-1) = -1.0d0
        A(ii,ii+M) = -1.0d0
     else if (ii == M+1 ) then
        b(ii) = b(ii) + dble(i)/dble(M) * MAX_HEAT
        A(ii,ii+1) = -1.0d0
        A(ii,ii-M) = -1.0d0
        A(ii,ii+M) = -1.0d0
     else
        b(ii) = b(ii) + MAX_HEAT
        A(ii,ii-1) = -1.0d0
        A(ii,ii+1) = -1.0d0
        A(ii,ii+M) = -1.0d0
     end if
  end do
```

ソースコード **F7.5**　陰解法プログラム 7_5_PoissonLU.f90

```
45     ! 下部
46     do ii=(N-M-1)+1, N
47        i = (ii-1) / M + 1;        j = mod(ii-1, M) + 1
48        A(ii,ii) = 4.0d0
49        b(ii) = h_pow * sin(dble(i) * dble(j))
50        if (ii == (N-M-1)+1) then
51           b(ii) = b(ii) + dble(M-i)/dble(M) * MAX_HEAT
52           A(ii,ii-1) = -1.0d0;        A(ii,ii-M) = -1.0d0;        A(ii,ii+M) = -1.0d0
53        else if (ii == (N-M)+1) then
54           b(ii) = b(ii) + 0.0d0 + dble(i)/dble(M) * MAX_HEAT
55           A(ii,ii+1) = -1.0d0;           A(ii,ii-M) = -1.0d0
56        else if (ii == (N-1)+1 ) then
57           b(ii) = b(ii) + 0.0d0 + dble(M-i)/dble(M) * MAX_HEAT
58           A(ii,ii-1) = -1.0d0;           A(ii,ii-M) = -1.0d0
59        else
60           b(ii) = b(ii) + 0.0d0
61           A(ii,ii-1) = -1.0d0;        A(ii,ii+1) = -1.0d0;        A(ii,ii-M) = -1.0d0
62        end if
63     end do
64     ! その他の部分
65     do ii=M+1+1, (N-M-2)+1
66        i = (ii-1) / M + 1;        j = mod(ii-1, M) + 1
67        A(ii,ii) = 4.0d0
68        b(ii) = h_pow * sin(dble(i) * dble(j))
69        A(ii,ii-1) = -1.0d0;     A(ii,ii+1) = -1.0d0
70        A(ii,ii-M) = -1.0d0;     A(ii,ii+M) = -1.0d0
71     end do
72     ! 係数行列設定、ここまで
73     ! 行列とベクトルの確認
74     write(*,fmt='(a)') "A:"
75     do i=1, N
76        do j=1, N; write(*,fmt='(1x,f4.1)',advance='no') A(i,j); end do
77        write(*,*)""
78     end do
79     write(*,fmt='(a)') "b:"
80     do i=1, N; write(*,fmt='(1x,e14.7)',advance='no') b(i); end do
81     write(*,*)""
82     ! 陰解法による求解（LU分解法）
83     call MyLUsolve(N, A, b, x, c)
84     ! 結果の確認
85     write(*,fmt='(a,i0)') "M = ", M
86     do i=1, N; write(*,fmt='(i0,a,e13.7)') i-1, " : ", x(i); end do
87     stop
88  end program main
```

ソースコード **F7.5**（続き）　陰解法プログラム 7_5_PoissonLU.f90

問題 7.6（陽解法と陰解法の比較）　　プログラムの実行時間は，プログラムを実行する CPU やメモリの性能，コンパイラによる最適化の度合い，問題設定などにより大きく変化する．そのため，各自の計算環境で実際に測定を行い比較してみてほしい．

問題 7.7（連立 1 階微分方程式の解法）　　7.4 節の式 (7.23) をもとに，関数 f1 と f2 を置き換えて考えるとよい．プログラム例をソースコード C7.6 およびソースコード F7.6 に，実行結果グラフを図 7.9 に示す．

```c
 1  #include <stdio.h>
 2  #include <math.h>
 3
 4  double f1 (const double x, const double y1, const double y2) {
 5    return y2;
 6  }
 7
 8  double f2 (const double x, const double y1, const double y2) {
 9    return -0.05*y2 -1.0*y1*y1*y1 + 7.0*cos(x);
10  }
11
12  int main() {
13    double k1_1, k1_2, k2_1, k2_2;
14    double k3_1, k3_2, k4_1, k4_2;
15    double x, y1, y2, h;
16    h = 0.005;
17    printf("# Runge-Kutta Method to solve Duffing Eqa.\n");
18    x  = 0.0;
19    y1 = 0.0;
20    y2 = 0.0;
21    while (1) {
22      k1_1 = f1(x, y1, y2);
23      k1_2 = f2(x, y1, y2);
24      k2_1 = f1(x+(h/2.0), y1+(h/2.0)*k1_1, y2+(h/2.0)*k1_1);
25      k2_2 = f2(x+(h/2.0), y1+(h/2.0)*k1_2, y2+(h/2.0)*k1_2);
26      k3_1 = f1(x+(h/2.0), y1+(h/2.0)*k2_1, y2+(h/2.0)*k2_1);
27      k3_2 = f2(x+(h/2.0), y1+(h/2.0)*k2_2, y2+(h/2.0)*k2_2);
28      k4_1 = f1(x+h, y1+h*k3_1, y2+h*k3_1);
29      k4_2 = f2(x+h, y1+h*k3_2, y2+h*k3_2);
30      y1   = h*(k1_1+2.0*k2_1+2.0*k3_1+k4_1)/6.0 + y1;
31      y2   = h*(k1_2+2.0*k2_2+2.0*k3_2+k4_2)/6.0 + y2;
32      x    = x + h;
33      if (x >= 3000.0) printf("%e %e\n", x, y1);
34      if (x > 3200.0) break;
35    }
36    return 0;
37  }
```

ソースコード **C7.6**　連立 1 階微分方程式の解法プログラム 7_7_duffing.c

```
 1  module procedures
 2  contains
 3    real(kind=8) function f1 (x, y1, y2)
 4      implicit none
 5      real(kind=8) :: x, y1, y2
 6      f1 = y2
 7    end function f1
 8  real(kind=8) function f2 (x, y1, y2)
 9      implicit none
10      real(kind=8) :: x, y1, y2
11      f2 = -0.05*y2 -1.0*y1*y1*y1 + 7.0*cos(x)
12    end function f2
13  end module procedures
14
15  program main
16    use procedures
17    implicit none
18    real(kind=8) :: k1_1, k1_2, k2_1, k2_2
19    real(kind=8) :: k3_1, k3_2, k4_1, k4_2
20    real(kind=8) :: x, y1, y2, h
21    h = 0.005d0
22    write(*,*) "# Runge-Kutta Method to solve Duffing Eqa."
23    x  = 0.0d0
24    y1 = 0.0d0
25    y2 = 0.0d0
26    do while (.true.)
27      k1_1 = f1(x, y1, y2)
28      k1_2 = f2(x, y1, y2)
29      k2_1 = f1(x+(h/2.0), y1+(h/2.0)*k1_1, y2+(h/2.0)*k1_1)
30      k2_2 = f2(x+(h/2.0), y1+(h/2.0)*k1_2, y2+(h/2.0)*k1_2)
31      k3_1 = f1(x+(h/2.0), y1+(h/2.0)*k2_1, y2+(h/2.0)*k2_1)
32      k3_2 = f2(x+(h/2.0), y1+(h/2.0)*k2_2, y2+(h/2.0)*k2_2)
33      k4_1 = f1(x+h, y1+h*k3_1, y2+h*k3_1)
34      k4_2 = f2(x+h, y1+h*k3_2, y2+h*k3_2)
35      y1   = h*(k1_1+2.0*k2_1+2.0*k3_1+k4_1)/6.0 + y1
36      y2   = h*(k1_2+2.0*k2_2+2.0*k3_2+k4_2)/6.0 + y2
37      x    = x + h
38      if (x >= 3000.0d0) write(*,fmt='(e14.6,e14.6)') x, y1
39      if (x > 3200.0d0) exit
40    end do
41  end program main
```

ソースコード **F7.6**　連立 1 階微分方程式の解法プログラム 7_7_duffing.f90

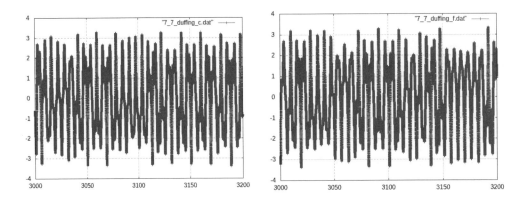

図7.9 連立1階微分方程式の解法プログラム 実行結果例（グラフ）

より深く勉強するために

　本書は，数値計算の概念とプログラムの理解に重きを置いているため，いくつかの数値計算上の話題について説明を割愛せざるを得なかった．また現在，数値計算の教科書は多数出版されており，選択に困ることが多いと思う．ここでは，網羅的にその教科書を列挙するのではなく，本書の内容を深く読む観点から，いくつか推薦書を挙げるにとどめる．

より広い話題を理解するために

　まず本書の内容の多くは，（高橋，1996）[11] を参考にしている．この本は多くの実例を示し，かつ内容もわかりやすく記載されており，本書で割愛した誤差解析や安定性解析も要点を抑えて記載されている．そのため本書を読み終えてから，全般的により深く学ぶのに良い書籍である．

　また，（名取，1990）[9] は誤差解析や安定性解析が詳細に明記されており，数値解析の側面から深く理解するのに好適な名著である．

疎行列反復解法を理解するために

　次に本書では，疎行列の連立一次方程式の解法においては反復解法が利用されることが多いことを説明した．特に，収束を加速する前処理の概念が重要である．このような反復解法全般の数理を勉強する和書の名著としては，（藤野・張，1996）[1] があるので参考にしてほしい．共役勾配法 (CG 法) とその前処理のアルゴリズムは，多くの工学上の問題の求解で利用されている．

C と Fortran を考慮した数値計算をより深く理解するために

　C と Fortran のプログラムコードを配布はしていないが，ほぼ本書と同様の内容をカバーしている姉妹書とよべる書籍がある．（川崎，1993）[8] は，学部レベルの数値計算の内容全般をカバーしている．一方，（服部，2000）[2] は，C や Fortran の入門レベルの内容を記載している．そのため，本書を読むための前提知識やより深い内容を学ぶための書籍としてよい．

プログラミング技術をより深く理解するために

　本書は C や Fortran について基本的な知識がある前提で書かれている．一般的な数値計算アルゴリズムを実装するうえではあまり高度なプログラミング技術は必要ではないが，複雑なアルゴリズムを効率よく実装したり，高速に動作するプログラムを作成するうえではプログラミング言語自体についての知識も重要である．C プログラムを学習するのに適した書籍としては，「カーニハン・リッチー」や「K&R」とよばれ大変有名な（カーニハン，1989）[3] を挙げ

ておく．Fortran プログラムを学習するのに書籍としては，本書と扱っている題材が重複する部分もあるが Fortran プログラムの学習により重きを置いている（牛島，2020）[4] を挙げておく．

高性能計算との関連を理解するために

　数値計算を行うにあたり，基礎的な数理とアルゴリズムの考え方は重要である．しかし加えて，計算機上の実装についても知る必要がある．たとえば，現在の計算機の内部にはキャッシュとよばれる小容量の高速メモリが内在している．このキャッシュメモリを活用するプログラミングを考慮して，アルゴリズムやデータ構造は設計されるべきである．一方で現在，手元のPCは複数のコアとよばれる計算機が実装されている．そのためコアを活用する並列化も，アルゴリズム上で考慮しなくてはならない．この高性能な数値計算に対する演習書としては，拙著である（片桐，2013）[5] や（片桐，2015）[6] を参照いただきたい．

　疎行列の反復解法に加えて固有値問題などのアルゴリズムの詳細とともに，高性能計算への展開を記載している書籍としては，（櫻井・松尾他，2018）[10] がお勧めである．

機械学習との関連を理解するために

　近年，データサイエンスが適用される局面が増えており，そのため機械学習の適用が盛んとなっている．機械学習では Python が使われることが多い．また，多くの数値計算ライブラリが Python 環境でも提供されている．そのため，数値計算のアルゴリズムの詳細や計算効率などの実行速度への影響を理解しなくても，簡便に数値計算を行うことができる．理学や工学の教育上この風潮はよろしくないが，便利な数値計算環境の普及は大いに歓迎すべきである．たとえば，Python での数値計算について興味ある読者は（幸谷，2021）[7] が出版されているので参考にしていただきたい．

参考文献

[1]　藤野清次・張紹良 (1996). 応用数値計算ライブラリ　反復法の数理, 朝倉書店

[2]　服部裕司 (2000). C & Fortran による数値計算プログラミング入門, 共立出版

[3]　B.W. カーニハン (著), D.M. リッチー (著), 石田 晴久 (訳) (1989). プログラミング言語 C –ANSI 規格準拠– 第 2 版, 共立出版

[4]　牛島省 (2020). 数値計算のための Fortran90/95 プログラミング入門 (第 2 版), 森北出版

[5]　片桐孝洋 (2013). スパコンプログラミング入門：並列処理と MPI の学習, 東京大学出版会

[6]　片桐孝洋 (2015). 並列プログラミング入門: サンプルプログラムで学ぶ OpenMP と OpenACC, 東京大学出版会

[7]　幸谷智紀 (2021). Python 数値計算プログラミング (KS 情報科学専門書), 講談社

[8]　川崎晴久 (1993). C & Fortran による数値解析の基礎, 共立出版

[9]　名取亮 (1990). 数値解析とその応用, コロナ社

[10]　櫻井鉄也・松尾宇泰 他 (2018). 数値線形代数の数理と HPC, 共立出版

[11]　高橋大輔 (1996). 理工系の基礎数学 8　数値計算, 岩波書店

索　引

著 者 紹 介

片桐孝洋（かたぎり　たかひろ）

2001年　東京大学大学院理学系研究科情報科学専攻　博士後期課程修了
現　在　名古屋大学情報基盤センター教授，博士（理学）
専　門　高性能計算，大規模固有値問題，ソフトウェア自動チューニング，
　　　　並列プログラミング教育
主　著　「スパコンプログラミング入門－並列処理とMPIの学習－」
　　　　（東京大学出版会，2013）
　　　　「計算科学のためのHPC技術」（共著，大阪大学出版会，2017）
　　　　「数値線形代数の数理とHPC」（編著，共立出版，2018）

大島聡史（おおしま　さとし）

2009年　電気通信大学情報システム学研究科情報ネットワーク学専攻
　　　　博士後期課程修了
現　在　名古屋大学情報基盤センター准教授，博士（工学）
専　門　高性能計算，GPUコンピューティング，並列数値計算，
　　　　ソフトウェア自動チューニング
主　著　「数値線形代数の数理とHPC」（共著，共立出版，2018）

C & Fortran
演習で学ぶ数値計算

Learning of Numerical Calculation
by Practice with C & Fortran

2022 年 3 月 25 日　初版 1 刷発行

著　者　片桐孝洋・大島聡史　© 2022
発行者　南條光章
発行所　**共立出版株式会社**

〒 112-0006
東京都文京区小日向 4-6-19
電話番号　03-3947-2511（代表）
振替口座　00110-2-57035

共立出版（株）ホームページ
www.kyoritsu-pub.co.jp

印　刷　啓文堂
製　本　協栄製本

検印廃止
NDC 418.1, 007.64
ISBN 978-4-320-12484-4

一般社団法人
自然科学書協会
会員

Printed in Japan

シリーズ応用数理

学会創立20周年記念出版

日本応用数理学会 監修

【各巻：A5判・上製・税込価格】

本シリーズは応用数理の重要性を意識しながら，様々な分野の応用数理の
テーマをできるだけわかりやすく，その分野の第一人者によって紹介。数
理的取り扱いに携わる技術者・研究者，学生に役立つシリーズである。

❶数理的技法による情報セキュリティ

萩谷昌己・塚田恭章編

数理的技法による情報セキュリティの検証／spi計算による暗号プロトコルの記号的検証／ゲーム列に
よる安全性証明の基礎／他・・・・・・・・・・・・・・・・・・・224頁・定価3,850円・ISBN978-4-320-01950-8

❷公開鍵暗号の数理

森山大輔・西巻 陵・岡本龍明著

数学的準備／安全性証明における基本概念／基礎理論／共通鍵暗号／公開鍵暗号の安全性／公開鍵
暗号の構成／ディジタル署名／他・・・・・・・・・・・240頁・定価3,850円・ISBN978-4-320-01951-5

❸折紙の数理とその応用

野島武敏・萩原一郎編

折紙の数理化のための基礎事項／折紙と学術研究との関連／折紙の数学・情報科学への応用／立体
折紙と産業応用／剛体折紙と産業応用／他・・・・・・・・280頁・定価4,950円・ISBN978-4-320-01952-2

❹有限要素法で学ぶ現象と数理 FreeFem++ 数理思考プログラミング

大塚厚二・高石武史著

数理モデルと偏微分方程式／FreeFem++による有限要素解析の入門／FreeFem++による高度な有
限要素解析／FreeFem++による連続体力学／他・・・・256頁・定価4,070円・ISBN978-4-320-01953-9

❺応用のためのウェーブレット

山田道夫・萬代武史・芦野隆一著

デルタ関数とフーリエ変換(データとなる関数／他)／連続ウェーブレット変換／直交ウェーブレット
／Mathematicaによるウェーブレット解析・・・・・・・・184頁・定価3,630円・ISBN978-4-320-01954-6

❻数値線形代数の数理とHPC

櫻井鉄也・松尾宇泰・片桐孝洋編

連立一次方程式の数値解法／固有値・特異値問題の数値解法／最小二乗問題の数値解法／連立一次
方程式の数値解法における並列計算／他・・・・・・・・・328頁・定価4,950円・ISBN978-4-320-01955-3

❼選挙・投票・公共選択の数理

大山達雄編

選挙の数理(議席配分方式の数理／他)／投票の数理(投票方式の数理／他)／公共選択の数理(協力
行動に対するネットワークの効果分析／他)・・・・・・・352頁・定価5,390円・ISBN978-4-320-01956-0

（価格は変更される場合がございます）

共立出版

www.kyoritsu-pub.co.jp
https://www.facebook.com/kyoritsu.pub

■情報・コンピュータ関連書

www.kyoritsu-pub.co.jp 共立出版